慧眼识珀

无为老师教你明眼分辨天然琥珀

Identify the Authenticity of
Natural Amber

无为◎著

中国经济出版社
CHINA ECONOMIC PUBLISHING HOUSE
北京

图书在版编目（CIP）数据

慧眼识珀：无为老师教你明眼分辨天然琥珀 / 无为著.

北京：中国经济出版社，2015.6

ISBN 978-7-5136- 3798-5

Ⅰ．①慧… Ⅱ．①无… Ⅲ．①琥珀—鉴赏 Ⅳ.①TS933.23

中国版本图书馆CIP数据核字（2015）第 074114号

责任编辑　彭　欣

责任审读　霍宏涛

责任印制　巢新强

封面设计　久品轩

出版发行　中国经济出版社

印 刷 者　北京科信印刷有限公司

经 销 者　各地新华书店

开　　本　710mm×1000mm　1/16

印　　张　11.5

字　　数　100千字

版　　次　2015年6月第1版

印　　次　2015年6月第1次

定　　价　88.00元

广告经营许可证　京西工商广字第8179号

中国经济出版社 网址www. economyph.com　社址 北京市西城区百万庄北街3号　邮编100037

本版图书如存在印装质量问题，请与本社发行中心联系调换（联系电话：010-68330607）

序

随着翡翠、和田玉、黄龙玉等价格的连番新高，天价频现，玉石市场已经到了有价无市的地步了。人们虽然意识到珠宝玉器的投资价值和升值趋势，但是大多数消费者已经有心无力了。如今，琥珀这个有机珠宝之王渐渐被更多的人所关注。近两年，琥珀的热度仅次于比它早火几年、现已身价倍增的南红玛瑙。然而，在琥珀热的初期阶段，高仿琥珀、再生琥珀、优化琥珀一直充斥着市场，还有无数的"大忽悠"在铺天盖地地散布误导信息，并充斥着网络，随便搜索"琥珀鉴别"等词条，就可以看到众说纷纭的鉴定方法与所谓的"科普知识"。广大琥珀爱好者尤其是新人，在如此一个混乱且缺乏正确认知的环境下盲目购买，不仅不能起到投资升值的作用，反而会适得其反，甚至竹篮打水一场空。

无为爱好、收藏琥珀已经将近 10 年，虽有一些心得，但并没有像这一两年随着琥珀热度的攀升才逐渐入门的人一般，急功近利地去发帖、出书。但凡以炒作、贩卖商品为目的的所谓"研究"，都缺乏一种平静的心态，也就无法走进事物的本真！

琥珀在 5 年前还默默无闻，只是很多真心爱珀之人茶余饭后的谈资爱好，大家多数只是交流原石的打磨之道，品玩每块琥珀的天然神韵。

而这一两年关于琥珀蜜蜡的各大贴吧、论坛等如雨后春笋般层出不穷，其中言论也是各怀鬼胎。无为刚开始还会去解答一些珀友的疑问，分享自己的心得、经验，但每当说出行业实情与如何辨别真伪时，总会被删帖、封号。2012年，出于珀友们的强烈要求无为自己创建了"爱琥珀"这个论坛，并在里面将如何使用荧光法来鉴别天然与人工琥珀、优化琥珀，以及各种琥珀种类的划分都进行了——介绍。但是没过1年，论坛也被人黑掉了。既然网络阻止真实信息的曝光，那无为只有将多年的经验书写成册，希望众多爱珀之人免于受到黑心商人的欺骗，也希望更多人能够以合理的价格收获到心仪的、能够长久保值并升值的纯天然非人工化琥珀。

无为在本书中对于压制再生琥珀和塑料高仿品仅做简单介绍，这些东西在任何正规的珠宝鉴定部门基本都可以鉴定出来。我只告诉大家一点，当今琥珀原石都是论克计价的，品相完美的琥珀制品怎么可能价格低廉呢？在如今这个成本为王的年代，便宜往往就是陷阱，捡漏是卖家与买家经验与知识的较量，如果自己没有卖家专业，还是远离如此之"漏"吧！

本书是无为谈琥珀系列的第一本，主要讲述当下大家最关心的几个问题：

①什么是优化琥珀；

②为什么优化琥珀不具有收藏价值；

③当今市场上优化琥珀的种类；

④如何通过荧光对比法来准确区分优化琥珀；

⑤天然琥珀的品种和价值排序；

⑥当今最值得拥有的琥珀品种有哪些。

目 录

第一章　真正的纯天然琥珀

第四章 无为老师鉴定真言及琥珀的各种功效

第一章
真正的纯天然琥珀

一、什么是琥珀

琥珀就是几千万年前的树脂的化石，一种完全石化的物质，是天然的有机宝石，也是世界上最轻的宝石。

琥珀的化学分子式为 $C_{10}H_{16}O$，主要成分是碳、氢和树脂及挥发性油脂。波罗的海矿区的琥珀，含有丰富的琥珀松香酸、琥珀银松酸、琥珀酯醇、琥珀松香醇、琥珀酸等，其中琥珀酸是琥珀具有药用价值的关键成分。

二、目前世界上珠宝级别琥珀的主要产地和品种

世界上琥珀产地多达几十个，但是能够产出作为珠宝级的琥珀的原产国却寥寥无几，目前主要有四大产区。

1. 波罗的海矿区的琥珀介绍

波罗的海矿区是世界上珠宝级琥珀产量最大的矿区，它的产量占据了全球琥珀产量的 90%，也是备受我国琥珀爱好者喜爱的蜜蜡的主产区，盛产各种高品质蜜蜡原矿石。

其琥珀成型年代主要集中在 3500 万～4000 万年之间，是由松柏科树

脂石化所形成，莫氏硬度为2.5。

波罗的海矿区主要包括波罗的海沿岸的波兰、立陶宛、丹麦、俄罗斯（加里宁格勒）、拉脱维亚、德国、爱沙尼亚这七个国家。

(1) 波兰琥珀原石

波兰是世界上琥珀储量最丰富的国家之一，也是琥珀文化大国。其北部盛产波罗的海琥珀，因此，位于波罗的海之滨的格但斯克由此成为了欧洲琥珀加工企业的主要集中地和世界上最大的琥珀集散地，被人们称为"琥珀之都"。

波兰琥珀原石

波兰人开采琥珀已经有几千年的历史。早在古罗马时期，波兰人开采、制作琥珀的技术就达到了相当高的水准。当时罗马的很多达官贵人都爱好收

玻兰琥珀原石

藏琥珀制品，因此形成了一条从琥珀产地波罗的海通往罗马的"琥珀大道"。

波兰琥珀有海漂和矿珀两种，总体质量都很好，矿皮薄、肉质厚重细腻，以黄蜜居多。

波兰琥珀原石

波兰琥珀原石

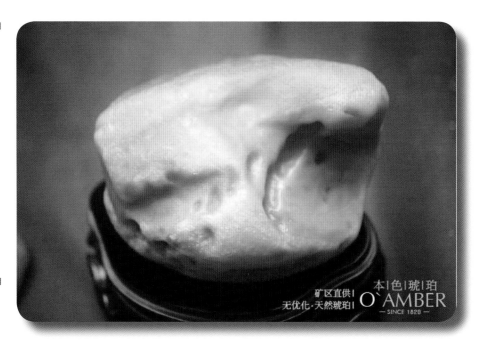

波兰极品海漂蜜蜡原石

波兰极品海漂蜜蜡原石（底部）

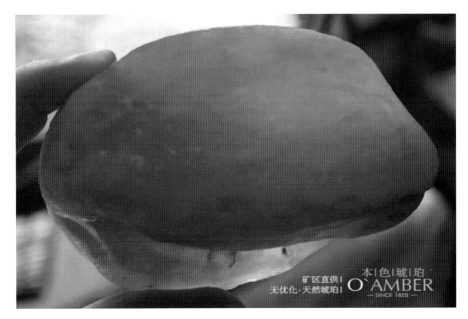

波兰极品海漂蜜蜡原石透光图（仅用手电即可照透全身，这种通透度是普通矿珀不能企及的）

波兰极品鸡油黄成品代表作

（2）立陶宛琥珀原石

立陶宛紧邻波兰，也是一个琥珀产出大国，共同产出矿珀和海漂，矿源质量跟波兰十分接近。当地以糖蜜原石和质地极其润透的鸡油黄而闻名。立陶宛也是琥珀文化大国，当地唯一产出的宝石就是琥珀，所以历来不乏一些喜爱且有实力的贵族热衷于收藏琥珀原石。在波兰琥珀节上，幸运的话我们能够见到这些藏家的后人们展卖的已经传世几百年的老蜜蜡原石。

立陶宛琥珀原石图组

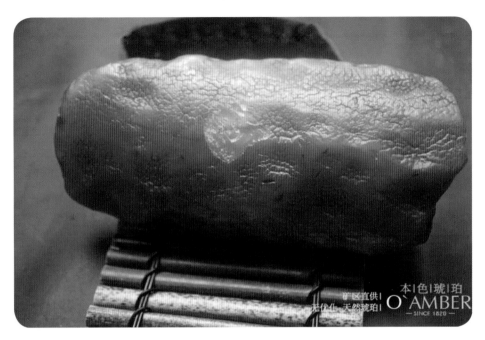

立陶宛极品海漂鸡油黄大原石

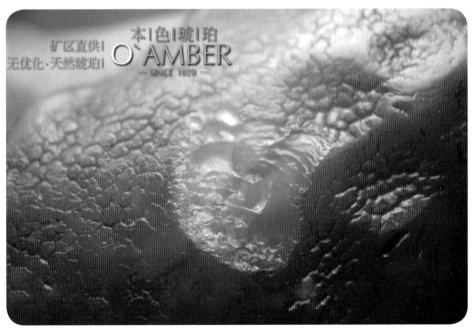

立陶宛极品海漂鸡油黄大原石局部放大图（肉色不仅色度浓郁，而且润度极高）

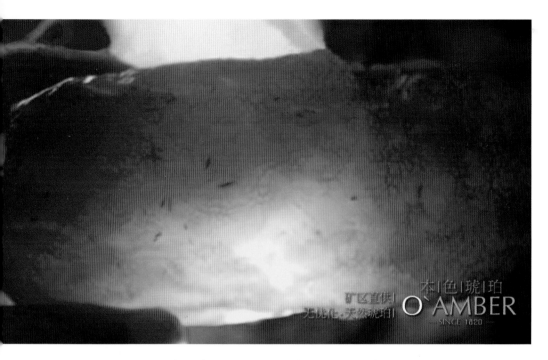

立陶宛极品海漂鸡油黄大原石透光图（通透度一流）

立陶宛顶级海漂籽料鸡油黄原石雕刻的成品

在立陶宛流传着这样一个神话传说——女神 Jurate 爱上了渔夫 Kastytis，两人幸福地生活在波罗的海深处的琥珀宫里。当雷电之神 Perkunas 发现女神与一个普通人相爱时，被激怒了，他用闪电击碎了琥珀宫，杀死了渔夫。海浪把一颗颗由完整树脂形成的小海漂籽料原石冲到岸边，人们认为这些小籽料就是女神的眼泪。

这就是我们常说的琥珀中"天使之泪"的故事由来。

"天使之泪"（由一滴完整树脂形成的海漂籽料）

巨型"天使之泪"（很稀有）

（3）丹麦琥珀原石

丹麦是世界上第一个发现琥珀的国家，以盛产天然老蜜原石著称。当地没有矿珀，只有海边打捞的海漂原石，所以产量稀少。琥珀质量两极分化比较严重，极品琥珀原石经常在当地被发现，但是劣质原石也很多，可能是因为长时间受侵蚀的原因，很多原石无法直接雕刻为成品，必须经过优化工艺处理之后才能进行深加工，所以我们去当地的琥珀市场看到的一般都是优化之后的琥珀制品。

丹麦海漂原石

丹麦"王者"琥珀

带有管状藤壶的典型丹麦海漂原石

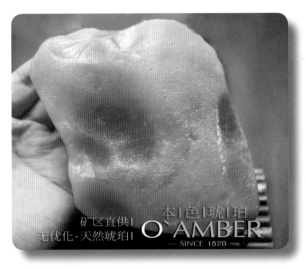

丹麦顶级鸡油黄海漂原石

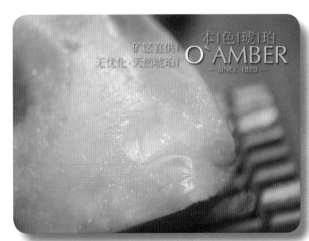

开窗处可见其肉色黄润至极

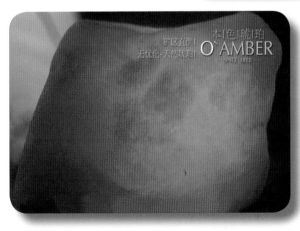

整体透光图（极致通透是
极品海漂原石的共性）

11

丹麦顶级鸡油黄蜜蜡代表作

背面留有海漂原皮巧雕

（4）俄罗斯琥珀原石

俄罗斯琥珀原石

俄罗斯琥珀原石

俄罗斯琥珀原石

俄罗斯琥珀原石

俄罗斯的加里宁格勒地区的海漂原石

俄罗斯的加里宁格勒地区的海漂原石

加里宁格勒地区的海漂原石，其实跟波兰海漂乍看上去很接近，而且里面也不乏极品原石，唯一遗憾的就是产量太少。此种原石以纯打捞的方式出产，完全是听天由命、碰运气，所以此地区的极品海漂原石是非常珍贵的。

下面我们来欣赏两组如今已经难得一见的极品加里宁格勒海域打捞出来的鸡油黄海漂大原石。

加里宁格勒顶级海漂鸡油黄大原石

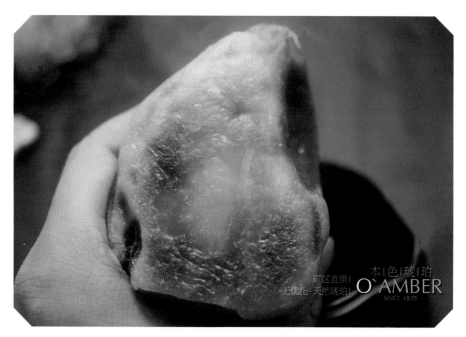

顶级原石侧面（"皮薄肉厚"，可惜就是产量极少，打捞的随机性很大）

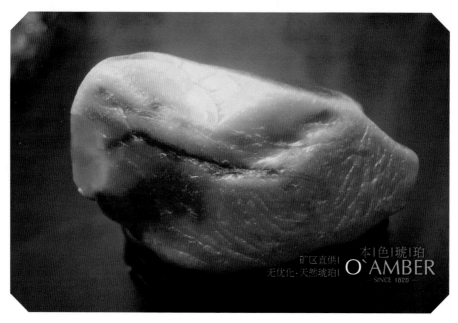

顶级原石底部（不论肉色还是皮质都丝毫不逊色于其他矿区的极品原石）

带藤壶的极品原石

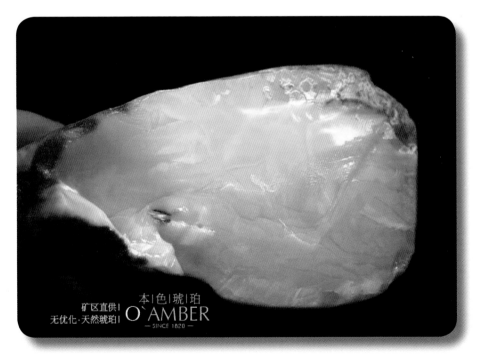

带藤壶的极品原石底部露肉部分

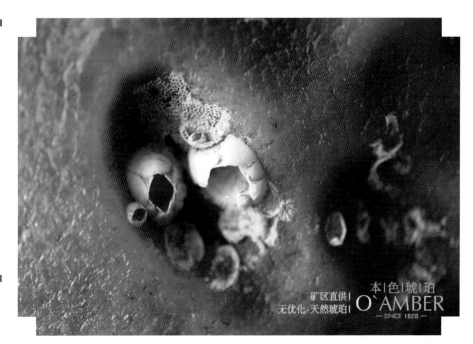

藤壶局部放大图

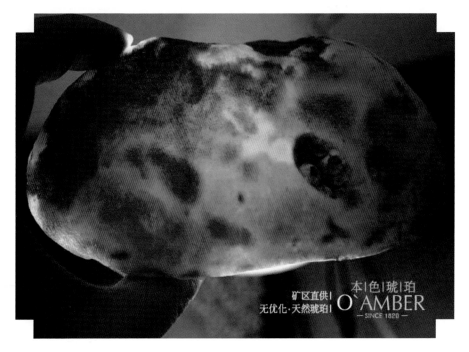

带藤壶的极品原石透光图

下面专门来介绍一下俄罗斯的加里宁格勒这个"琥珀之都"。这里也是波罗的海琥珀最大的产地，其产量占了整个波罗的海琥珀产量的 85% 以上。它本身并不与俄罗斯本土接壤，其北邻立陶宛，南部与波兰接壤（图中红色五角星处）。1945 年，苏联、美国和英国在波茨坦会议上决定取消东普鲁士，其北部在第二次世界大战后划归苏联。1946 年 4 月 7 日，苏联最高苏维埃主席团通过了成立俄联邦柯尼斯堡州的命令，同年 7 月 4 日，它的行政中心改名为加里宁格勒（原名柯尼斯堡），州改名为加里宁格勒州。

注：地图出自天地图

注：地图出自天地图

此地区也同时具有矿珀和海漂原石，其海漂原石质地丝毫不逊于波兰和立陶宛，但是矿珀质量就稍差一些，坑洼很多、薄片状很多，加工成品率很低。矿珀是这一产区琥珀的主要来源。

加里宁格勒矿区

挖掘中的加里宁格勒扬塔尼国家矿区

（5）乌克兰琥珀原石

最后我再介绍下目前在我国市场占有率极高的乌克兰琥珀。

乌克兰是内陆国家，其琥珀主产地距离波罗的海海滨600公里，那么它到底算不算波罗的海矿区的琥珀呢？这就要追溯到4000万年前了。当时北欧地区是整片原始森林，面积巨大，随着地壳运动和天气变化，大片的陆地沉入海洋形成了如今的波罗的海，很多琥珀矿源也沉入海底，而乌克兰地区是由这样的海底变为陆地的，所以它的琥珀成分和波罗的海矿区的是一样的，但是由于后天地质环境的不同（主要是受到地热影响的原因），其矿皮外观跟肉质与波罗的海琥珀还是有着明显的区别。

乌克兰所产琥珀虽是波罗的海琥珀的同源，但是都是纯矿珀，没有任何海漂的存在。乌克兰琥珀原石的特点是：矿皮厚重，个头饱满，大块头居多，外形多平整，坑洼相对较少，但是肉色相对较浅，蜡质感稀薄、不厚重。

当然我们只是总结一些常见的原石共性，乌克兰也会产出顶级的鸡油黄和骨珀蜜蜡原石，而且极品的品相丝毫不逊色于波兰和立陶宛等国的琥珀，但是产量极小，可遇不可求。

乌克兰琥珀原石（器型饱满的大块头乌料皮色较深）

乌克兰琥珀原石

乌克兰原石多数器行饱满坑洼很少，但皮质较厚，而且大多数的肉质颜色浅淡，与浓郁的外皮颜色形成鲜明的对比。

乌克兰琥珀原石的切面（多数肉色都比较浅，蜡质不够厚重）

2. 加勒比海（多米尼加和墨西哥）矿区的琥珀介绍

此矿区为纯矿珀产区，这里是被誉为"琥珀之王"的蓝珀的故乡，它包括墨西哥和多米尼加共和国两个矿区。产出的琥珀为豆科类树脂石化所形成的琥珀。主要品种是蓝珀、蓝绿珀、金绿珀、红皮蓝珀以及极其稀少的血珀原矿石。

多米尼加各类金珀、金绿珀、蓝绿珀原矿

多米尼加蓝珀原矿石

多米尼加蓝珀原矿石

多米尼加蓝珀原矿石

多米尼加蓝绿珀原石

多米尼加蓝绿珀原石

多米尼加蓝绿珀原石（相比墨西哥蓝绿珀而言很少能见到）

墨西哥半抛金绿原矿石

墨西哥半抛蓝绿珀原矿

墨西哥半抛蓝绿珀原矿石

墨西哥蓝珀原矿石

3. 缅甸矿区的琥珀介绍

此矿区也为纯矿珀产区。这里是目前矿珀产量最大的地区，品种纷繁复杂，如果细分可多达十几种。其琥珀成形年代主要集中在距今6000万～8000万年，最久可追溯至1亿两千万年以前。其琥珀质地是目前珠宝级琥珀中硬度最高的一个品种，莫氏硬度接近3.0，珠宝光泽绚丽多彩。缅甸琥珀原矿石俗称毛料。

缅甸琥珀原矿石图组

缅甸血珀原矿石毛料

经过去皮、抛光处理后的缅甸血珀裸石

经过去皮、抛光处理的各种缅甸琥珀裸石

经过去皮、抛光处理的缅甸金蓝珀和柳青（绿茶珀）裸石

缅甸金蓝珀在自然光及黑色背景下会出现色变

缅甸根珀原石

缅甸金蓝珀雕刻成品

4.中国抚顺矿区的琥珀介绍

此矿区也是纯矿珀产区。我国辽宁抚顺西露天煤矿中，其形成琥珀的树种与波罗的海矿区树种相近，均为松柏科树木树脂石化而成，石化年代4000万～6000万年。因为此矿区琥珀主要与煤层伴生，所以大多数琥珀含有较多的内含物，虫珀品种丰富，具有很高的历史价值和古生物研究价值。但是因为其净度和色彩度问题，在珠宝界一直很难被大众所接受。早在十

抚顺琥珀原矿石

年前，此矿区基本已经开采殆尽，目前仅有少量碎矿石产出。

抚顺琥珀雕刻件

抚顺琥珀雕刻件

抚顺琥珀佛珠

抚顺花珀佛珠

三、优化琥珀及其主要品种

优化琥珀是指通过人工后期的各种加工手段所生产出来的琥珀制品。

人们可能会问，为什么要对琥珀进行优化呢？

琥珀原石是天然树脂的化石，液态树脂在流动过程中，内部自然会夹杂一些植物、泥土、空气、水分等天然内含物；而且不同的流动堆积时间会造成琥珀石化后的自然分层；琥珀在地层中受到压力作用，其内部含有的气泡会自然炸开形成天然爆花或裂纹。

以上这些原因会导致很多琥珀原石无法直接用于雕刻生产，所以人们便想出了各种科技手段来废物利用甚至是变废为宝。

现在很多商人经常站出来给优化琥珀正身，会告诉大家优化琥珀比天然琥珀成本更高，因为其中还包含了后期加工的费用，这就像告诉大家翡翠 B+C 货比 A 货要更值钱，因为它们经过了后期加工，有加工费一样，可笑之极。一块劣质品通过后期加工变成完美品相，它的价值跟天然极品的价值是无法相媲的。

而且大家都知道天然琥珀中富含琥珀酸酯，这是一种对人体极其有益的成分，但是在高温高压下会导致此成分迅速大量地流失掉。优化加工只会使琥珀成为一块对健康毫无益处的"价格不菲"的树脂制品。

再举个例子，大家都知道琥珀是一味神奇的中药材，它的保健效果使它有绝对资格称为有机珠宝之王。在神农本草经和本草纲目中都有多味以琥珀为主材的药剂配方，但是大家会发现一个共同点，即但凡有琥珀的药方，其服药的前提都需用温凉水送服，也就是说热水会减弱其药效。

连热水都会减弱药效的琥珀，更别说在经过200~300℃的高温加工后，其药效还会残存多少了。而且为了美观，优化过的琥珀中还被填充了富含甲醛的工业胶水等对人体有害的物质。

所以说，如果你把琥珀仅仅当作是一件装饰品，那么优化加工是无可厚非的，越完美、漂亮越好；但是如果你把它当作天然的保健珠宝或收藏投资品，那么只有天然琥珀才可以。

1.国家鉴定标准

下面我们先来看一下如今琥珀的国家鉴定标准（出自国标GB/T-16552-2010，第60页）。

琥 珀

【英文名称】amber。

【材料名称】琥珀。

【化学成分】$C_{10}H_{16}O$，可含H_2S。

【结晶状态】非晶质体。

【常见颜色】浅黄、黄至深棕红色、橙色、红色、白色，偶见绿色。

【光泽】树脂光泽。

【解理】无。

【摩氏硬度】2 ~ 2.5。

【密度】1.08（＋0.02，－0.08）g/cm^3。

【光性特征】均质体，常见异常消光。

【多色性】无。

【折射率】1.540（＋0.005，－0.001）。

【双折射率】无。

【紫外荧光】弱至强，黄绿色至橙黄色、白色、蓝白或蓝色。

【吸收光谱】无。

【放大检查】气泡，流动线，昆虫或动、植物碎片，其他有机和无机包体。

【特殊性质】热针熔化，并有芳香味，摩擦可带电；红外光谱检测能有效鉴别琥珀及其相关仿制品。

【附加说明】

蜜蜡：半透明至不透明的琥珀。

血珀：棕红至红色透明的琥珀。

金珀：黄色至金黄色透明的琥珀。

绿珀：浅绿至绿色透明的琥珀，较稀少。

蓝珀：透视观察琥珀体色为黄、棕黄、黄绿和棕红等色，自然光下呈现独特的不同色调的蓝色，紫外光下可更明显。主要产于多米尼加。

虫珀：包含有昆虫或其他生物的琥珀。

植物珀：包含有植物（如花、叶、根、茎、种子等）的琥珀。

【优化处理】

热处理：可附加压处理，加深琥珀表面颜色；或使琥珀内部产生片状炸裂纹，通常称为"睡莲叶"或"太阳光芒"；或使琥珀变透明。

染色处理：模仿棕红色、绿色或其他颜色的琥珀，可见染料沿裂隙分布。

无色覆膜：增强琥珀表面光泽和耐磨性。

有色覆膜：放大检查可见覆膜琥珀表面颜色层浅，无过渡，着色不均匀，经常留有喷涂痕迹；用针挑拨或丙酮浸泡后，薄膜有时会成片脱落；红外光谱能检测出薄膜的成分，可与琥珀区分开。

压固处理：分层琥珀原石经压固变致密，放大检查可见流动状红褐色纹，多保留有原始表皮及孔洞，可与再造琥珀相区别。

加温加压改色处理：多次加温加压处理，可使琥珀颜色发生变化，呈绿色或其他稀少的颜色。

充填处理：放大检查可见充填物多呈下凹状，并伴随有充填过程中残留的气泡。

国标中所提及的各种优化处理方法造就了多种多样的优化品种。

接下来我们介绍下目前市场上经常见到的各种优化琥珀的种类。

2.花珀——最常见最普及的优化品种

花珀是最常见、最普及的优化品种，英文为 piebald amber。这个品种是纯人工加工生产出来的，在自然界几乎很难见到。它是通过人工加压、染色等手段，将琥珀中的气泡在压力下强行炸开，形成所谓的"太阳花"。

用到的优化生产工艺有：热处理、染色处理、加温加压处理。

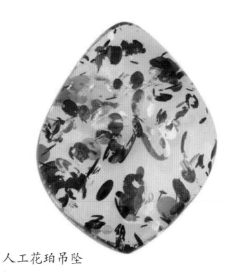

人工花珀吊坠

人工花珀手串珠子

增加染色工艺的渐变色花珀吊坠

3.血珀——最受新人追捧的优化品种

顾名思义，颜色如血红般的琥珀称之为血珀。这是目前最受新人追捧的优化品种。

这个品种确实存在于自然界中，而且目前波罗的海矿区和缅甸矿区以及加勒比海矿区都有其天然品种，但是绝大多数都是存在于原矿石的状态中，血珀成品（雕件）、珠子之类极其稀有。市面上多数见到的血珀手串、挂绳项链、吊坠雕件等基本都是通过烤色工艺将金珀变成所谓的血珀的。

涉及优化工艺有：压清、注胶、烤色。

烤色血珀佛珠

烤色血珀手串

烤色血珀雕件

4.珍珠蜜、鸡蛋蜜 ——看着最神奇的伪天然品种

所谓珍珠蜜和鸡蛋蜜，其实就是通过人工后期加工手段造就的四周金珀整齐地包裹着中间一团蜜蜡的形态，如同蛋清包裹着蛋黄般。在自然界中很少能见到这种琥珀的天然体。天然体的此种琥珀，蜡与珀部分的交界处也是淡进淡出之感，不可能交界分明。珍珠蜜、鸡蛋蜜是看着最为神奇的伪天然品种。

人工珍珠蜜裸石吊坠

可能涉及的优化工艺有：注胶、压固、压清（净化）、热处理、烤色。

人工珍珠蜜雕件挂坠

经过烤色处理的珍珠蜜挂件

人工金包蜜茶壶

　　上图中这件非常具有工艺品欣赏价值的"金包蜜"茶壶，茶壶嘴和柄部都已经接近无色的水珀质感了，这是经过了多次压清后，琥珀酸大量流失，由蜡质变为珀质的结果。

经过反复压清、烤色工艺处理的金包蜜雕件

经过反复压清、烤色工艺处理的珍珠蜜挂件

5.染色绿珀——不是看着绿才叫绿珀

绿珀在自然界中是天然存在的，但是并不是人们通过词面意思理解的那种看上去就是绿颜色的琥珀。真正的绿珀在常光下就是浅黄色透明状，而在强光或者黑背景下才会出现绿色的色变。

所以我们只要看到常光下就是绿色的那种琥珀，不用多想，肯定是拜人类的高科技所赐。

可能涉及的优化工艺有：注胶、压固、热处理、压清、染色。

染色绿珀裸石吊坠

染色绿珀裸石吊坠

染色绿珀雕刻挂件

成批染色的绿珀雕件

成批染色的绿珀雕件饰品

染色绿珀雕件

下图为纯天然墨西哥蓝绿珀手串，供大家参考对比。

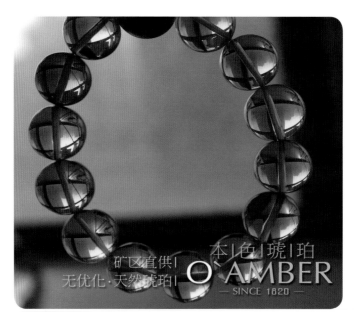

矿区直供
无优化·天然琥珀

本|色|琥|珀
O AMBER
— SINCE 1820 —

纯天然墨西哥蓝绿珀手串

平时在自然光下就是透明淡黄色的状态。

纯天然墨西哥蓝绿珀手串（自然光、黑背景下）

放置于黑背景上，在太阳光下，即出现明显的蓝绿色（绿色）色变。

6.覆膜琥珀——伪阴雕琥珀

现在这个名称很少听到了，相信商家也不会直呼其名，否则就不会有人去买了。

我们常见到的覆膜琥珀又被称为阴雕琥珀，就是将琥珀压清净化处理后变成无色状态，再进行阴雕处理，然后在琥珀上覆上一层有色膜，有红色、黑色。

可能涉及的优化工艺有：热处理、压清、净化、覆有色膜。

覆膜琥珀（阴雕琥珀）

覆膜琥珀（阴雕琥珀）

覆膜琥珀（阴雕琥珀）

最近市场上批量出现了很多覆无色膜的琥珀成品雕件，用肉眼很难直观分辨。究其原因主要是厂家为了节省物理抛光成本，且可以大幅缩短制作周期（因为以人工来物理抛光是有损耗而且很耗时耗力的一件事），所以很多厂家便利用此技术使利润最大化。但是人工覆膜的琥珀在日常佩戴中会随机脱落，大家在选购中一定要注意那种散发着塑料光泽的琥珀制品，基本都是经过此技术处理过的。

此处人工覆膜已经出现脱落，露出来内部未经抛光的粗糙本质

这是覆有色膜的"血珀"珠子褪落后的状态

覆有色膜的"血珀"珠子褪落后的状态

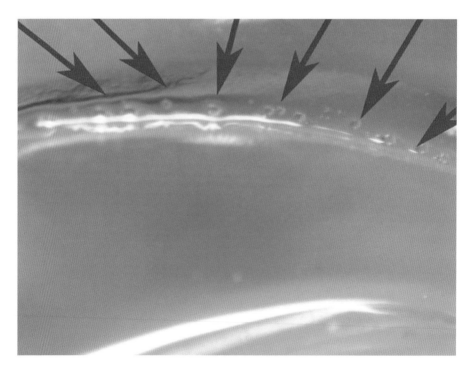

覆膜琥珀可以在高倍放大镜下观察到局部有密集的气泡存在

7.明珀（水珀）——过度压清的产品

明珀（水珀）就是指色淡如水，清澈见底，不含有一丝杂质的透明状琥珀，这也是纯人工造就的一个琥珀品种。是经过反复多次高温加压净化，在琥珀酸大量流失后形成的。它的前身一般都是杂质很多的蜜蜡或金绞蜜，经过高温加压，导致琥珀酸流失后变成了珀。

涉及的优化工艺有：热处理、压清、净化。

明珀（水珀）珠子手串

明珀（水珀）雕件

明珀（水珀）雕件

明珀（水珀）雕件

8.烤色鸡油黄蜜蜡——各种做旧技术打造的所谓传世老蜜

一提到鸡油黄想必很多没接触过琥珀的朋友都有所耳闻。这个词在蜜蜡中实在太负盛名了，也是在优化琥珀中最为常见的一个品种了。

何谓鸡油黄？至今也没有一个准确的定义，其实就是出于国人对颜色明黄且质地润泽的蜜蜡的爱称。其色泽如同一碗鸡汤中漂浮的黄油的颜色一般，油润而鲜亮。

在自然界中，能够具备如此光鲜亮丽的明黄色的天然蜜蜡少之又少的，绝大多数蜜蜡的颜色都是浅黄、浅白甚至灰白色的。自然界中只有少部分受到自然氧化的原石才会具有如此色泽。然而人们却对于这种颜色情有独钟，所以只有借助后期科技手段来实现人人都能拥有"鸡油黄"的梦想了。

涉及的优化工艺有：压制再生、压固、净化、填充、注胶、烤色等。

这里跟大家解释下，为什么烤色鸡油黄会有这么多工序存在，而且还经常混有假冒品(压合琥珀与再生琥珀)呢？因为经过人工烤色处理的蜜蜡其表面有一层颜色很浓郁且厚重的氧化膜，它可以遮盖住很多琥珀的纹路、天生的缺陷和后期加工的痕迹，所以烤色工艺并不仅仅是为了加深其颜色的一道工序。

人工优化鸡油黄佛珠

人工优化鸡油黄手串

压制再生琥珀烤色后冒充的鸡油黄

人工做旧优化的"老蜜蜡鸡油黄"饼子

人工做旧优化的"老蜜蜡鸡油黄"饼子

61

当今最盛行的所谓"老蜜蜡鸡油黄"饼子，是经过多道工序人工做旧的仿古的工艺制品。其工艺包括：烤色、孔道做旧、包浆做旧、橘皮纹做旧、开片模拟等复杂工序。

人工做旧优化的"老蜜蜡鸡油黄"饼子图组

欧洲的烤色工艺制品——"鸡油黄"蜜蜡原石手排

四、目前市场上最常见的假冒琥珀仿品

1. 压制再生琥珀——从十八世纪延续至今的高科技制品

随着科技的发展，压制再生琥珀的技术越发完善。这一技术诞生于欧洲十八世纪中叶，是以天然琥珀的碎渣作为原料，在180℃～300℃的温度下，压制而成的再生琥珀。其中会添加一些染料和油脂添加剂用以美化外观。这一技术经历了几百年的发展，从一代技术的仅是用琥珀碎渣直接压合，发展到二代技术是用加工后的碎渣和琥珀粉进行压制融合，到如今的三代压制过程中添加了对边缘进行美化处理、人工模拟天然琥珀的流动性构造特征的流淌纹路等技术已经日渐成熟。伴随着琥珀热度的日渐升温，很多欧洲琥珀产品尤其是珠子类制品都是压制再生品。

对于鉴别这类仿品，由于它的原料就是天然琥珀的碎屑，所以那些网上流传的盐水法等统统无效。大家可以通过外观来观察，会发现压制琥珀中存在的一些珀与蜜、流淌纹等交界处的边缘纹路（也就是碎屑之间的交界处）有血丝般红纹，从这点来看，尤其是对一代和二代技术的压制品来说还是很容易区分的（具体见下图）。对于新手来说最可靠的办法就是送去当地的正规珠宝鉴定部门做红外线光谱检测。其方法是用溴化钾粉末，对样品进行红外光谱检测，依据红外光谱的吸收峰值来鉴定是否为天然琥珀。因为一代和二代技术中常常会有一些添加剂，所以在红外光谱中会出现琥珀所不具备的官能团特征，很容易就能区分出来。三代技术是目前最具有迷惑性的仿真产品，因为它在压制过程中不添加任何其他物质，使用纯琥珀碎屑原料进行再生，所以红外光谱特征是一致的，而且同样具有荧光色，摩擦发热后也能闻到琥珀的香气。鉴定琥珀是否为高仿品，最可靠的办法还是送到当地权威检测机构，借助显微镜和偏光镜来仔细观察边缘特征。对于新人而言，最好的防骗方法就是远离那些价格远低于市场价的琥珀制品，在这个成本为王的年代，那些看似是"捡漏"的诱惑其实背后往往都是坑！

下面让我们来看看这些压制琥珀品的庐山真面目。

最常见的压制花珀

欧洲最常见的压制再生金珀项链 (有染色剂填充)

压制花珀手镯 (价格不到天然手镯的十分之一)

65

压制花珀手串

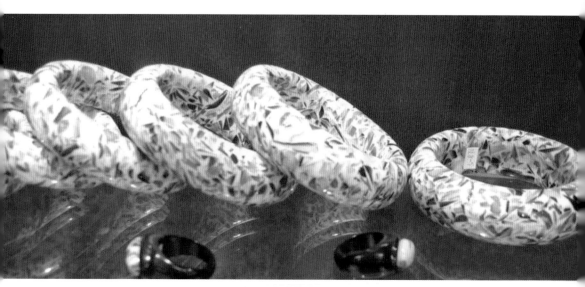

再生压制琥珀手镯（直接用琥珀碎块压制的一代技术）

明显具有压制交界红纹的二代技术压制的再生琥珀
（红纹就是琥珀碎屑的交界边缘）

压制再生琥珀手串（压制纹路清晰可见）

压制鸡油黄蜜蜡手串

　　这样的手串是目前最常见到的压制鸡油黄蜜蜡手串，具有人工的仿制流淌纹路，欺骗性最强。其市价是真品的几分之一而已。

压制再生后经烤色的"老蜜蜡"手串

压制再生后经烤色的"老蜜蜡"手串

这些都是欧洲最常见的压制再生后，再进行高温烤色处理的所谓老蜜蜡制品，通过人工氧化外层来淡化其压制纹路，具有很高的欺骗性。

欧洲压制琥珀工艺品

69

欧洲压制琥珀工艺品

在这里我特别要提醒大家一下，欧洲的压制技术进步迅猛，三代的压制技术由此而来，因其可以人工模拟出类似天然琥珀的流动纹路，故其迷惑性非常大。欧洲当地一些不良商家发现了我国爱好者对蜜蜡的热衷之后，在销售的时候也绝口不提其为压制琥珀，该品种多见于花白蜜和鸡油黄老蜜这两个品种。大家有机会去国外的时候一定不要轻易购买当地没有证书的琥珀制品，以防上当受骗。

压制花白蜜

压制花白蜜图组

71

上面图中这些都是极具迷惑性的压制品种，对新人而言极易混淆，其实大家只要看多了天然的真品，就会发现这种制品的质感十分死板，纹路虽然模拟了天然的流淌纹，但是具有人造规律性，而且对于看多了真品的朋友而言，会感到丝毫没有天然琥珀的灵气。不过这个感觉的培养还是需要一定时间和经验的积累的。

2. 塑料高仿品——从赛璐珞到马丽散等聚合树脂制品

很多低廉的塑料高仿品，一样可浮盐水。

最早的琥珀仿品是采用赛璐珞这种合成树脂，但是它的密度不达标，盐水都浮不起来，很容易被人当作验证盐水法的佐证。但如今，以现在的科技水平要造出比重在 1.01~1.09 的塑料制品实在是小儿科了。

先来看下最入门级的赛璐珞琥珀仿品。

赛璐珞琥珀仿品

赛璐珞琥珀仿品

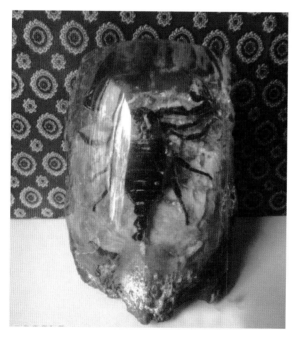

赛璐珞琥珀仿品

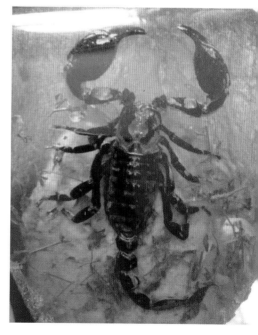

赛璐珞琥珀仿品

　　赛璐珞琥珀仿品内部往往都会一有些很夸张的植物和昆虫存在。试想想，小小的树脂怎么可能困住如此庞然大物？

可浮盐水 蜜蜡琥珀手链

手围周长18厘米
梯形珠长17×厚11mm
重量29.8克

高仿琥珀

琥珀仿制手串（网上常见图）

如今，能浮盐水的塑料已经不是什么秘密了，在网上有些商家早已公开销售了，而且就是明确告诉大家非天然琥珀制品，这种行为是值得鼓励的，比起那些以假乱真的商家光明磊落得多。

最近，北京潘家园和天津沈阳道等古玩市场上又出现了一些以纯化工原料冒充琥珀原石的摊位，明码标价在10元左右一克，可先打磨后付款，很有诱惑力。这其实就是聚亚胺胶质材料，俗称马丽散，是用来做岩石加固和填充不稳定地层的一种化工原料。这种东西外观虽然相似，但其密度明显大于琥珀，而且打磨过程中会有严重的胶水气味。还有一些是纯人工合成的五颜六色的琥珀原石仿制品，日前也是用同样手法在欺骗一些琥珀入门者。

马丽散

马丽散

用马丽散冒充抚顺琥珀的地摊

五颜六色的琥珀原石仿制品

五颜六色的琥珀原石仿制品

　　这些纯人工合成的塑料制品，一公斤成本也就几百元，冒充琥珀原石却10元一克，实属暴利之物。

3.柯巴树脂——各种产地的天然树脂仿品

所谓柯巴树脂其实就是一种天然树脂尚未完全石化的品种，有人称其为琥珀的前身，其实也不尽然，如果是琥珀原产国的柯巴树脂，它们与琥珀是同树种的树脂的话，可以称其为琥珀的前身，因为年代比较短，所以还没有完全石化。

目前最具有迷惑性的就是印尼柯巴树脂，俗称"婆罗洲琥珀"，它是一种年代最接近琥珀的柯巴树脂，有几百万年的历史了，硬度也最接近，可以雕刻甚至是做成珠串之类的成品，但是毕竟不是琥珀，遇热之后就会发黏，而且放置久了会自然氧化产生白斑。现在市面上多通过覆膜技术来延缓其氧化期以冒充缅甸棕红珀、血珀，甚至是多米尼加蓝珀。

柯巴树脂裸石

对其最有效的检测方法就是红外光谱检测，柯巴树脂的红外峰值与琥珀有明显不同，非常容易鉴别，而网上流传的各种方法均对其无效。

下面我们来看图识物了解下柯巴树脂。

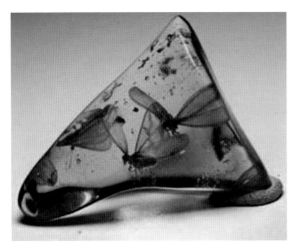

柯巴树脂裸石

柯巴树脂

柯巴树脂

这些都是常见的哥伦比亚和南非含有虫子的柯巴树脂，颜色基本呈现无色状态，经常被用来冒充虫珀原石销售。

印尼蓝色柯巴树脂

这些印尼的柯巴树脂原石，明显带有胶质感，因为没有完全石化，所以化学性质很不稳定，极易氧化。

印尼棕红色柯巴树脂

印尼棕红柯巴树脂原石经过打磨、抛光、覆膜之后的佛珠成品

79

印尼蓝色柯巴树脂原石

印尼蓝色柯巴树脂原石

上面这些就是经常被用来冒充多米尼加蓝珀的印尼蓝色柯巴树脂原石，曾经一度被一些商人们称为"印尼蓝珀"，但是其没有石化的特性是无法用科技来弥补的，一般制成的成品在 1~2 年后就会被氧化得不成样子了。

蓝色柯巴树脂制品

蓝色柯巴树脂制品

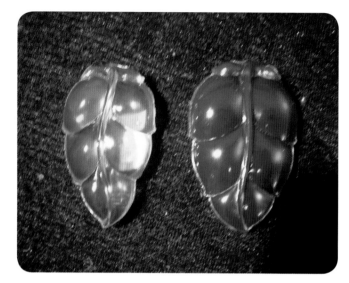

蓝色柯巴树脂制品

　　上面这些用蓝色柯巴树脂制作的各种成品，即使通过覆膜技术让其表面呈现出光泽度，也是经不起时间的考验的。

　　2014 年年底，随着琥珀在国内市场的热度急速升温，国外一些不法商贩针对国人对于蜜蜡原石的偏爱，研制出了对波罗的海的柯巴树脂原料进行老化、固化的技术，做成了相似度极高的仿蜜蜡原石，经常混在成批的原料中滥竽充数，一般新人是非常难以区分的。在此，我特意将这类假冒原石的图片列出来供大家参考对比。

　　对于经常打磨原石的爱好者们来说，还是能直观地感觉到其死板的质感。而经验尚浅的朋友遇到这种所谓的"满蜜极品原石"时，一定要谨慎入手，有条件的话可以去做下鉴定，只要在红外光谱下一照，是真是假便可知分晓了。

波罗的海柯巴树脂仿制的蜜蜡原石

波罗的海柯巴树脂仿制的蜜蜡原石

83

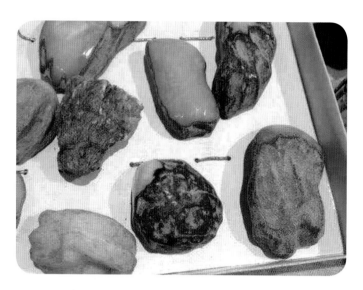

波罗的海柯巴树脂仿制的蜜蜡原石

波罗的海柯巴树脂仿制的蜜蜡原石

总结一下，大家可以通过本节图例对号入座，来分辨现在市场上常见的琥珀仿品，但是最保险的方法还是送去权威鉴定机构进行复检，虽然国标对各种优化琥珀无能为力，但是对于这些琥珀仿品而言还是很容易区分鉴别的。

第二章　荧光鉴别法的应用

荧光鉴别法的原理从何而来呢？其实琥珀的荧光鉴别法就是对比分析法。以各个产地的天然琥珀原石的自身荧光反应作为参照物，来对比其相应产地的成品、珠子、雕刻件，看一下荧光反应色的一致性。这个方法可以说是目前最为准确的琥珀检验方法了。人工造假荧光虽然容易，但是要做到在产地相对应的情况下，跟天然琥珀的荧光反应色完全一致，就目前的科技水平而言，尚未达到。

而且目前的优化工艺，尤其是热处理、烤色、压清、染色等手段都会直接改变琥珀本身的天然荧光色，给我们区分天然与优化琥珀提供了可靠依据。

一、人工烤色血珀全过程及原理讲解

在具体讲解荧光鉴别法之前，我们先来看一个试验。

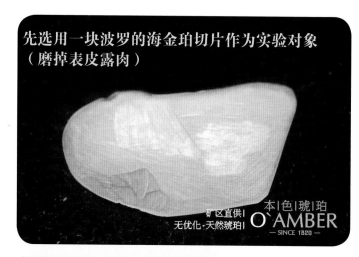

先选用一块波罗的海金珀切片作为实验对象
（磨掉表皮露肉）

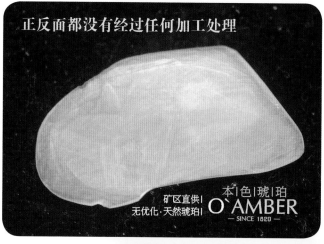

正反面都没有经过任何加工处理

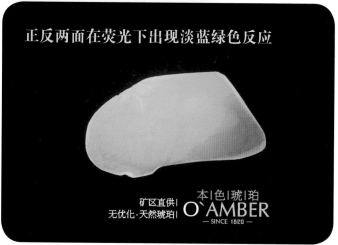

正反两面在荧光下出现淡蓝绿色反应

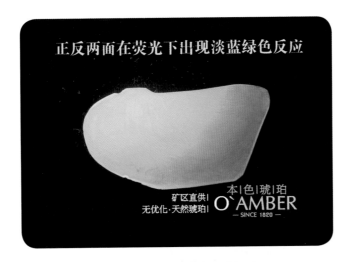

正反两面在荧光下出现淡蓝绿色反应

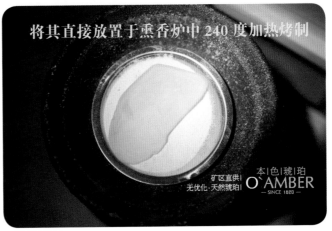

将其直接放置于熏香炉中 240 度加热烤制

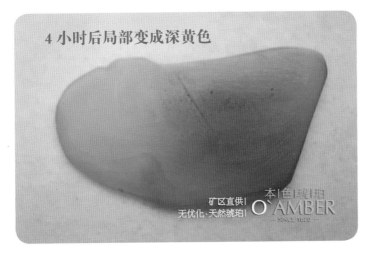

4 小时后局部变成深黄色

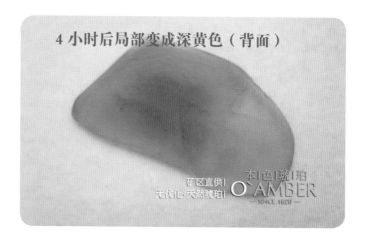

4 小时后局部变成深黄色（背面）

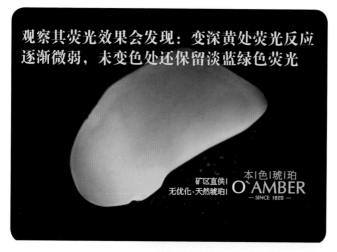

观察其荧光效果会发现：变深黄处荧光反应逐渐微弱，未变色处还保留淡蓝绿色荧光

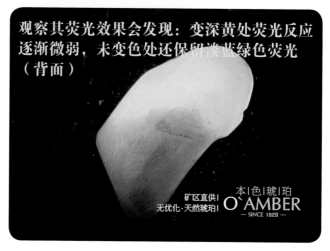

观察其荧光效果会发现：变深黄处荧光反应逐渐微弱，未变色处还保留淡蓝绿色荧光（背面）

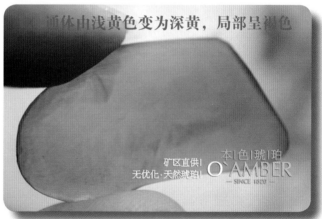

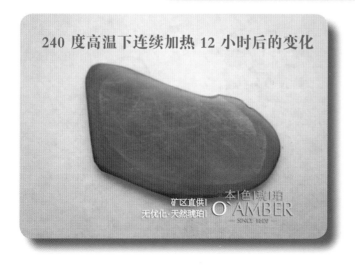

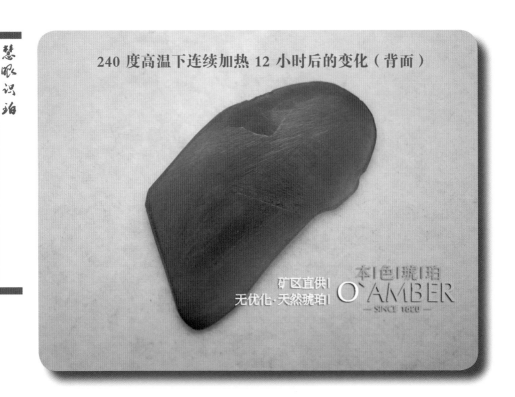

240 度高温下连续加热 12 小时后的变化（背面）

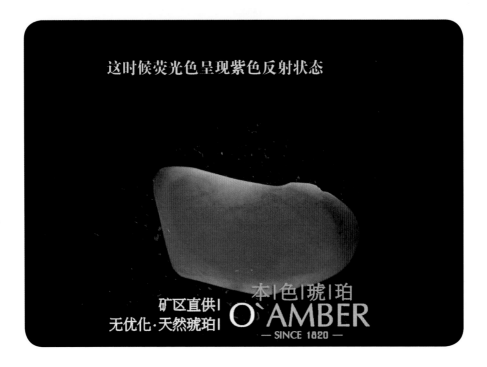

这时候荧光色呈现紫色反射状态

继续加热至 24 小时以后原来的金珀通体呈现红褐色

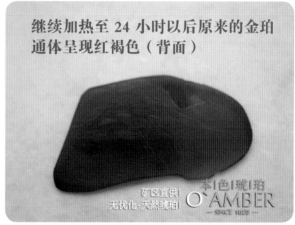

继续加热至 24 小时以后原来的金珀通体呈现红褐色（背面）

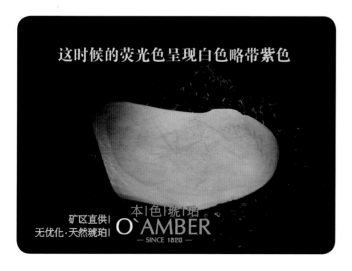

这时候的荧光色呈现白色略带紫色

91

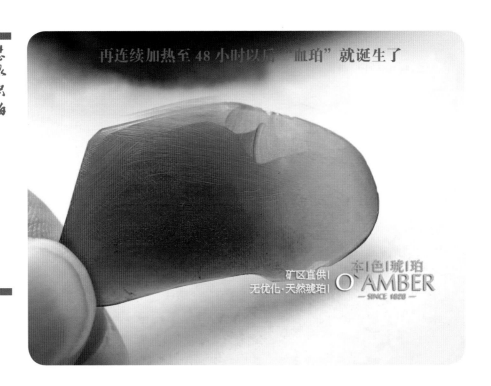

再连续加热至 48 小时以后 "血珀" 就诞生了

矿区直供|
无优化·天然琥珀

本|色|琥|珀
O° AMBER
— SINCE 1828 —

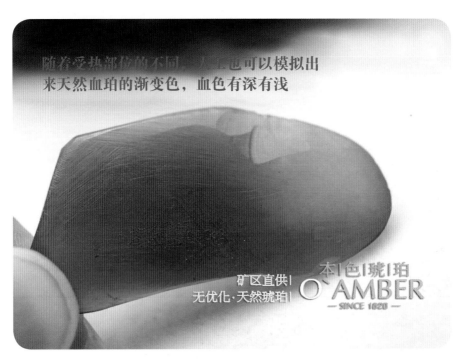

随着受热部位的不同，人工上色可以模拟出
来天然血珀的渐变色，血色有深有浅

矿区直供|
无优化·天然琥珀

本|色|琥|珀
O° AMBER
— SINCE 1828 —

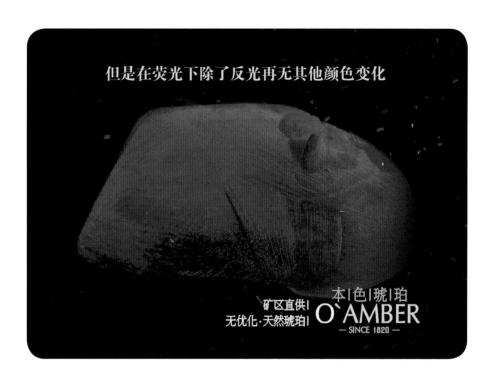

但是在荧光下除了反光再无其他颜色变化

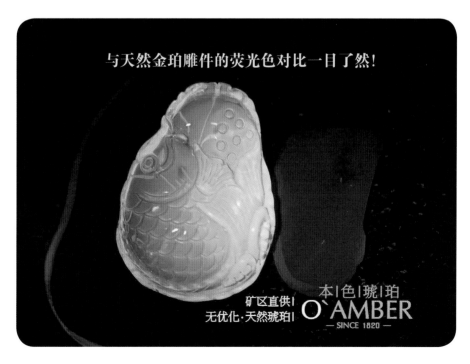

与天然金珀雕件的荧光色对比一目了然！

通过以上试验，大家可以清晰地了解到一块天然的金珀原石如何在 48 小时内变为血珀，又是如何在经过高温热处理的情况下丧失掉荧光反应色的全过程了。

其实烤制血珀就是高温烤色的一种优化工艺，将新蜜变成老蜜蜡的烤制过程也是同样的道理，只不过它需要更长的时间，一般是 40~45 天才能出炉，而且对温度的把控技术要求更为复杂。

二、荧光鉴别的具体方法及运用

首先，我们要用到的是一个特殊波长的荧光灯或荧光手电，并非市面上经常见到的 365 普通国产荧光手电，因为亮度和灯头不同，所以照出的反应颜色也不一致。因此，本书中所有荧光色度标准均以"本色琥珀"专用荧光鉴别手电的反映色为准，用其他手电照出的色差问题可能会导致大家判断上的失误。

1. 用荧光来区分琥珀的主要产地

更换黑背景后效果

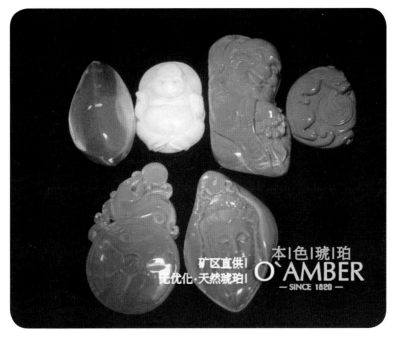

荧光下各产地琥珀展现不同色变

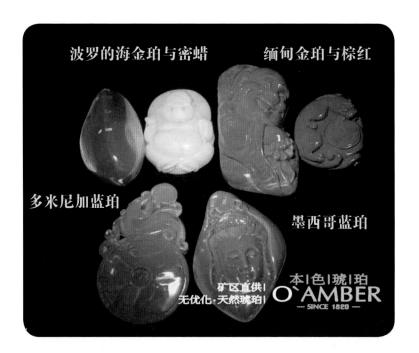

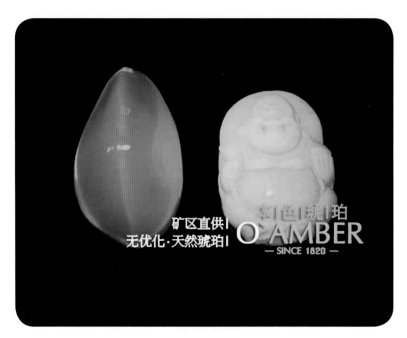

波罗的海金珀在荧光下呈现淡蓝绿色
波罗的海蜜蜡在荧光下呈现淡绿色或淡黄绿色

缅甸金珀和棕红珀在荧光下皆呈现深蓝色

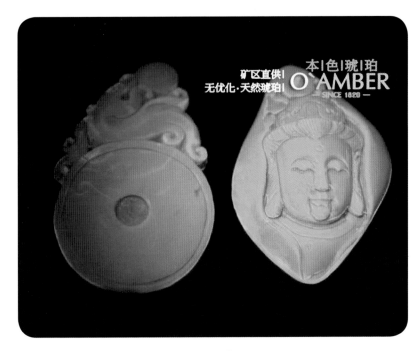

多米尼加蓝珀在荧光下呈现正蓝色
墨西哥蓝珀在荧光下呈现湖蓝色（蓝中带绿）

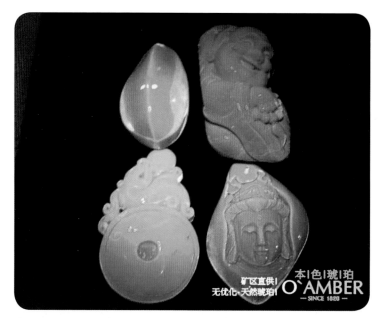

四个产地的琥珀荧光对比图

通过以上图片的对比，总结几点：

①波罗的海矿区的琥珀在荧光下呈现淡蓝绿色荧光反应，蜜蜡呈现出淡绿或淡黄绿色反应。当然这也跟每个人的视觉差异有关系，可以借助拍摄后的照片颜色来对比。

②缅甸矿区的绝大部分品种都会呈现深蓝色荧光反应，如金珀（金蓝珀）、金棕、棕红、茶珀等诸多品种，唯独血珀是呈现幽绿色荧光，后面会专题介绍。

③多米尼加和墨西哥两地的琥珀品种最为接近，因为其树种基本相同，都是豆科类树脂的化石，只是随着地壳运动，使两地逐渐分离，使琥珀后天形成环境发生了改变。图片中我只是列举了同为蓝珀的荧光对比：多米尼加蓝珀的荧光色更为鲜亮，色度正蓝；而墨西哥蓝珀的荧光色中带有绿色，呈现湖蓝色。这个跟他们在强光下的色变也保持着一致。

2. 用荧光法来区分波罗的海压清金珀与天然金珀

众所周知，天然琥珀就是树脂的化石，它在自然界中流动聚集，最后沉入地下，在这几千万年变成化石的过程中，其内部夹杂着天然的内含物是很正常的事情，往往在琥珀中我们会看到一些花草、树枝、小型昆虫、气泡、水滴等天然内含物的存在。但为什么我们在商场或其他地方看到的琥珀饰品都是那么的纯净无瑕呢？答案只有一个，就是被人们后期加工处理过了，这一工序称为净化处理，我们习惯上称之为"压清"工艺。

简而言之，就是在高温的环境中加压，使琥珀中的内含物、气泡等析出的处理工艺。然而在杂质析出的过程中，琥珀酸也会随之大量流失，因此琥珀的颜色就会逐渐变淡，直至无色。而蜜蜡在压清处理中甚至可以变为透明的琥珀。

对于想要了解具体生产过程的读者，我这里做个补充介绍。

首先，做这项优化工艺需要用到的专业设备是琥珀压力炉，以往只能是进口国外成熟设备，随着近几年国内琥珀加工工艺的广泛普及，很多国产设备已经能够完全达到同类效果了。而琥珀加工热也反向推动了这一技术的广泛应用，即便是很小的加工厂也能拥有琥珀压力炉来进行深加工。

言归正传，具体工艺如下：

净化是指在充满惰性气体的环境下，通过控制压力炉的温度、压力，来去除琥珀中的气泡、内含物等，并提高其透明度的方法。在压力炉中，先注入惰性气体，一般是氮气，然后逐步提升炉内的温度至200度左右，同时提升压力至9800帕斯卡，此时，琥珀中的气泡等细微内含物开始浮向表面，直至全部析出。目前不论是国内还是国际，对琥珀加工一般都要经过净化这一流程，市场上大多数金珀都属于净化产品。对于透明度差、内含物多、厚度大的琥珀或蜜蜡原石来说，往往需要经过多次净化，或者增加净化的压力、温度和时间，才能达到使其完全透明的效果。

这种手法多用来生产制造珍珠蜜，以及净水级的金珀、水珀（明珀）。

下面我就教大家如何利用荧光来区分压清金珀和天然金珀。

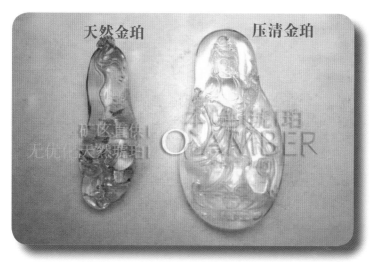

在白背景下对比可发现，压清后的金珀颜色明显偏淡

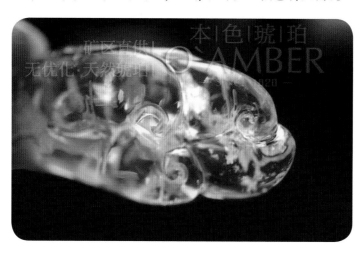

天然金珀（图中就是琥珀中天然的内含物）

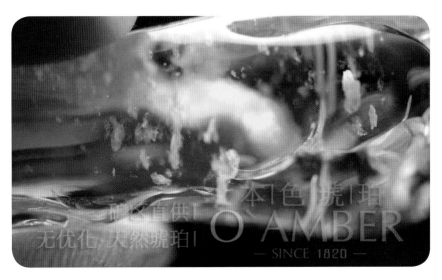

天然金珀中的内含物

压清后的琥珀（水珀）会颜色变淡，现在人们为了提高其不易识别性，
会在压清后再对其烤色处理，让它变得更金黄更不易被识别

压清金珀（在变得纯净无杂的同时，代价就是琥珀酸的大量流失，这也是其颜色变淡的主要原因）

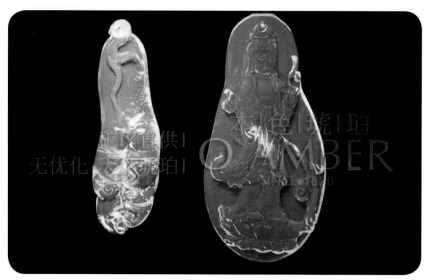

天然波罗的海金珀（左）发偏绿色荧光

压清金珀（右）发蓝色荧光，而这种荧光在天然波罗的海琥珀中是不会出现的

3. 用荧光法来区分天然血珀与烤色血珀

先给大家看看天然血珀原石及其自然的荧光反应。

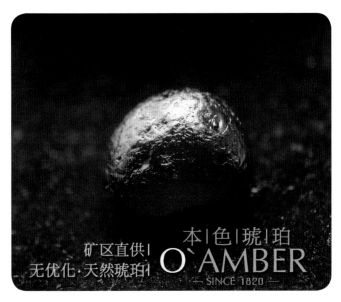

天然丹麦血珀海漂籽料

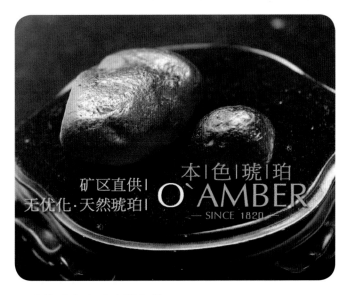

天然丹麦血珀海漂籽料

103

真正的原生态血珀原石

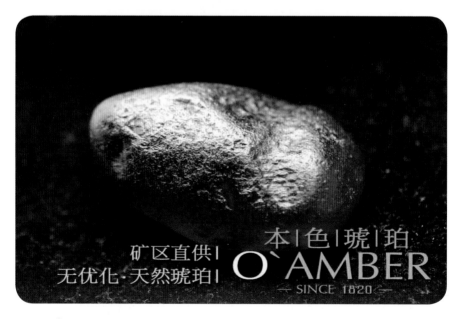

丹麦血珀原石

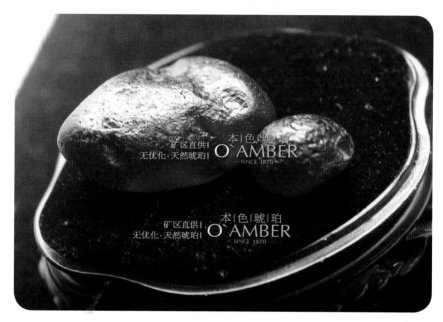

天然血珀原石

天然血珀（经历千万年的自然氧化）

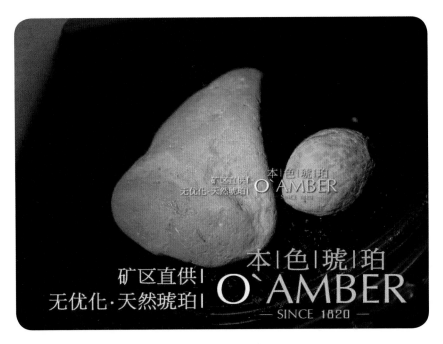

天然血珀（在荧光下是幽绿色的，无法复制）

天然血珀的荧光色（可做对照参考，那些没有反应的"血珀"可以无视）

106

烤色血珀

烤色血珀毫无荧光反应，只有反光

烤色血珀珠子

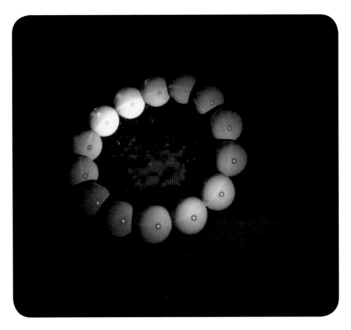

烤色血珀珠子毫无荧光反应

如今市面上大家更多见到的是血珀的雕刻件成品和珠子类制品，而用天然血珀原矿石制作这类物品是极其困难的。

从前面的烤色实验可以看出，天然血珀其实就是金珀在自然界中长期氧化所形成的，而且氧化部分也仅仅是表面部分，其内心还是金珀原色，只有极其少数的血珀原石拥有足够的血色氧化层厚度能够被人们加工雕刻。因此它的雕刻成品颜色肯定是深浅不一的，在雕刻深的地方血色就比较浅，雕刻浅的地方颜色就相对浓郁，而且在荧光下，雕刻深的地方就会散发金珀的蓝色荧光，雕刻浅的地方发幽绿色荧光。

下面让我们来看看天然的缅甸血珀雕刻件在荧光下是何种反映。

天然血珀裸石

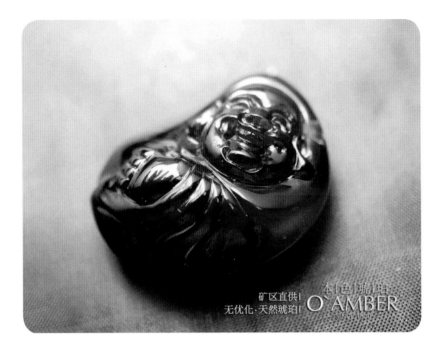

天然血珀雕件

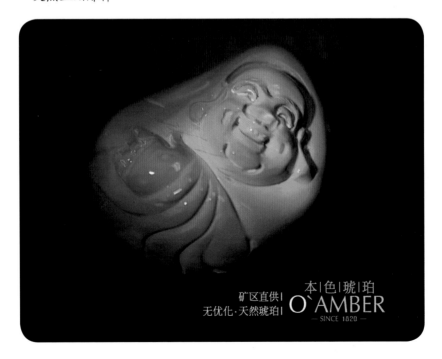

天然血珀雕件的荧光反应

天然血珀雕件

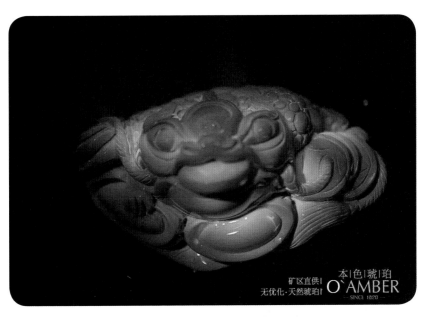

天然血珀雕件的荧光反应（荧光下可以明显看到雕刻较深的部分呈
现蓝色荧光，较浅的部分依然保留氧化层，所以呈现幽绿色荧光）

111

天然血珀雕件

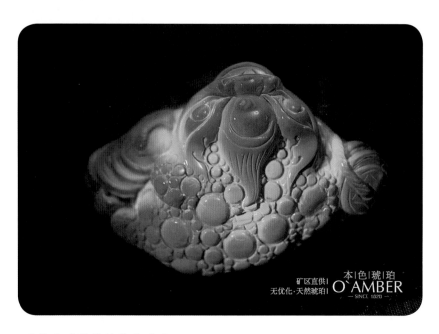

天然血珀雕件的荧光反应

天然血珀雕件

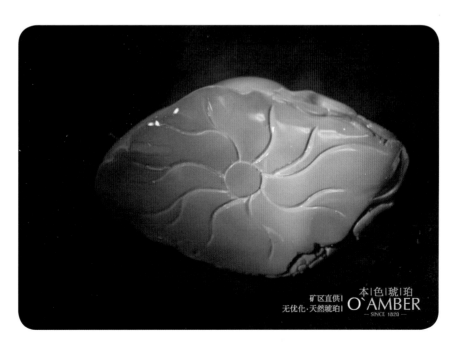

天然血珀雕件的荧光反应（底部雕刻较浅，氧化层得以完整保留，所以呈现幽绿色荧光）

天然血珀雕件

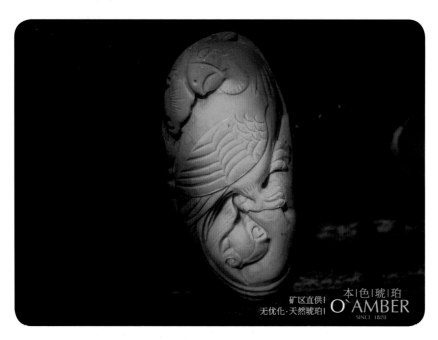

天然血珀雕件荧光反应（这件作品正面部分基本把氧化层都雕刻
掉了，所以荧光呈现出金珀的蓝色）

4. 用荧光法来区分天然鸡油黄蜜蜡与人造烤色鸡油黄蜜蜡

鸡油黄蜜蜡是国人从古至今都很喜爱的一个蜜蜡品种，但是因为天然的数量远远不能满足人们的需求，所以大量烤制优化品就应运而生了。这也是目前市面上优化品种的重灾区。但是若依靠荧光鉴别法则非常容易区分。

天然鸡油黄蜜蜡吊坠

下面就来看一下天然与烤制品在荧光下的区别对比图。

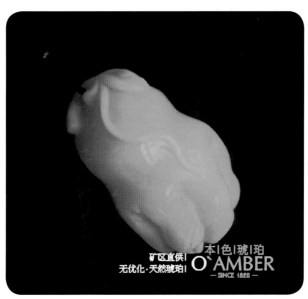

天然鸡油黄蜜蜡的荧光反应，呈淡绿色

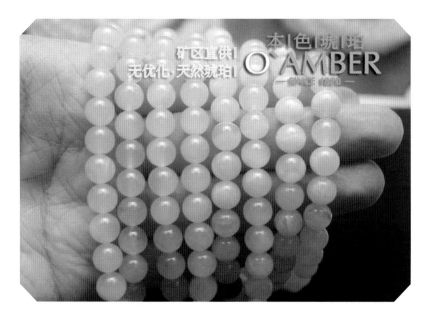

天然鸡油黄蜜蜡佛珠

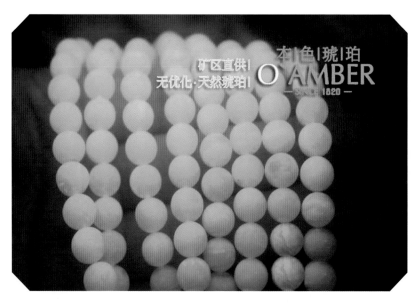

天然鸡油黄蜜蜡佛珠荧光反应（不仅荧光反应明显而且纹路清晰可见）

人造烤色鸡油黄蜜蜡手串

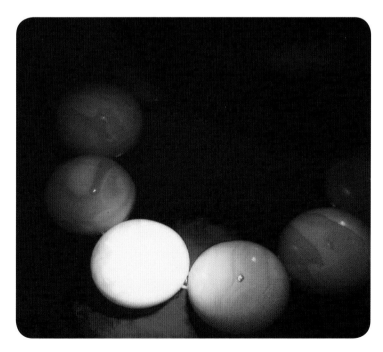

人造烤色鸡油黄蜜蜡荧光图（荧光色发白，而且反光强烈）

人造烤色鸡油黄蜜蜡制品（市场上很常见）

人造烤色鸡油黄蜜蜡(微烤制品)的荧光图（荧光色泛白而且纹路混沌不清）

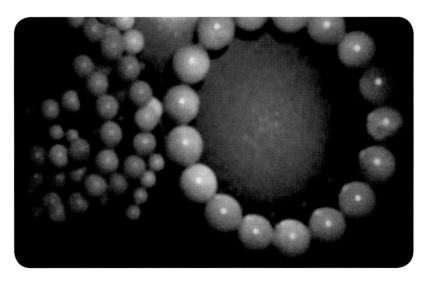

人造烤色鸡油黄蜜蜡（严重烤色制品）的荧光图（如果出现
此类反应，一般是严重烤色或者是压制再生珠烤色制品）

通过以上图片的对比，大家可以轻松地掌握鉴别要点：

①天然鸡油黄蜜蜡制品不管色度多深，它在荧光下都是呈现淡绿
色或者淡黄绿色，而且反应色度明亮，纹路清晰可见。

②微烤制品是高温烤色周期短，一般十几天的人造鸡油黄产品在
荧光下普遍呈现灰白或亮白色反应，纹路一般可见。

③高温烤色处理超过40天的所谓老蜜蜡烤色制品，在荧光下基本
没有反应，仅有反光效果，而且纹路混沌不清。这种情况大家在购买
时要特别小心，因为此类制品中常常混杂压制再生品，通过烤色伪装
后难分真假。

我们再来看一下人工烤制出来的鸡油黄蜜蜡，应该可以发现那种呆滞死板的塑料质感，毫无灵动感可言呢。

刚烤制好的"老蜜蜡鸡油黄"珠子与尚未烤制加工的珠子

上图中刚从烤箱拿出来的"老蜜蜡鸡油黄"珠子的旁边是尚未烤色加工前的颜色浅黄甚至灰白色的珠子。

这是穿好的成品烤色"老蜜蜡"手串，颜色统一，但却没有丝毫灵气，散发着塑料质感。

烤色"老蜜蜡"手串

120

烤色"鸡油黄老蜜蜡"108佛珠

这些就是市面上最常见到的所谓鸡油黄老蜜蜡108佛珠了，其实都是诞生于烤箱的后期加工制品。

第三章　琥珀的价值分类

很多人经常问我，什么琥珀最好？哪个品种最好？这样的问题其实很难回答，因为每个矿区都有自己的特色品种，最准确的比较应该是在同产地之间进行比较。不过按目前的市场行情以及预测未来走向，我简单地给大家做个排序，可以作为大家以后的投资方向来参考。

一、价值较高的琥珀品种

目前市场上单位克价最高的非多米尼加蓝珀莫属了，顶级品相的天空蓝已经不是按克价出售了，一个小挂件的售价就高达十几万了，因为其极为稀有的产量，2014年已经正式被国际珠宝组织列入奢侈品行列。但是大家要注意这个所谓的蓝珀之王仅指的是多米尼加产的蓝珀，而多米尼加的蓝绿珀、金绿珀和墨西哥的蓝绿珀价格要相对便宜得多，更不用说缅甸产的金蓝珀了。多米尼加蓝珀和它们在存世量及稀有程度、色彩饱和度上是有天壤之别的。

目前国际公认的蓝珀产地仅仅是多米尼加共和国和墨西哥两个地方。但是因为墨西哥主产蓝绿珀、金绿珀，因为矿产这些变色偏绿的琥珀品种，所以经常易被人们所遗忘。其实我要很负责地告诉大家，墨西哥一样会产出天空蓝色度的极品蓝珀，但是因为极其稀有，价值丝毫不逊于多米尼加蓝珀，所以也没有人去做什么区分。在墨西哥也有普通的蓝珀，而且净度极高，但色度为蓝中微微泛绿，人们习惯称之为湖水蓝色，而且它在强光源下一样会出现明显的蓝色色变，与蓝绿珀和金绿珀有着明显的色差区分，所以这也是目前市场上经常被拿来冒充多米尼加天空蓝的最常见品种，大家通过实物对比还是能够很容易区分的。

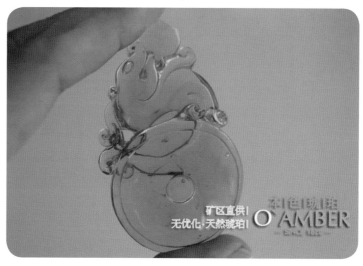

多米尼加蓝珀（平时的颜色）

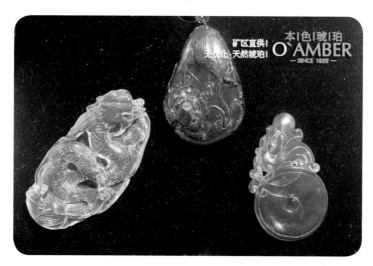

阳光下、深色背景上的多米尼加蓝珀

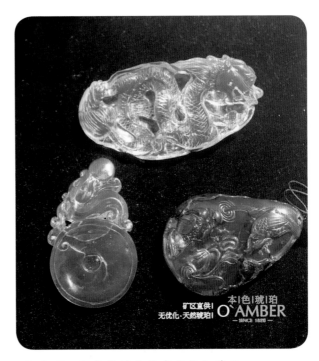

阳光下、深色背景上的多米尼加蓝珀

多米尼加天空蓝圆珠

下面我们再来看看墨西哥蓝珀的图片。

常光且浅色背景下的墨西哥极品净水蓝珀手镯

墨西哥极品净水蓝珀手镯与镯芯

墨西哥极品净水蓝珀手镯与镯芯

普通白色光源下、深色背景上，出现湖水蓝色变的墨西哥蓝珀手镯

更换高倍强光灯源后，出现更深一度的蓝色色变

荧光灯下的墨西哥蓝珀手镯与镯芯

127

因为荧光下墨西哥蓝珀与多米尼加蓝珀有些难以区分，所以在比较多米尼加天空蓝与墨西哥蓝珀时，仅需在常光黑背景下进行色度对比，即可轻易区分出来，强光射灯和荧光灯下的颜色对于新人朋友来说有些难以分辨。

目前，存世量和价格仅次于多米尼加蓝珀的就是波罗的海矿区产的白蜜蜡中的骨珀，其中的骨瓷白品种更是极其难得的稀有之物，其琥珀酸含量高居所有琥珀品种的榜首，对人体的保健效果是最好的。而且自古用白蜜蜡碎石做成的琥珀精油是非常珍贵的欧洲王室专用保健品，可见其珍贵程度非比寻常。但是，同为白蜜蜡的品种，其中也是按品相分等级的，这个会在稍后做详细介绍。

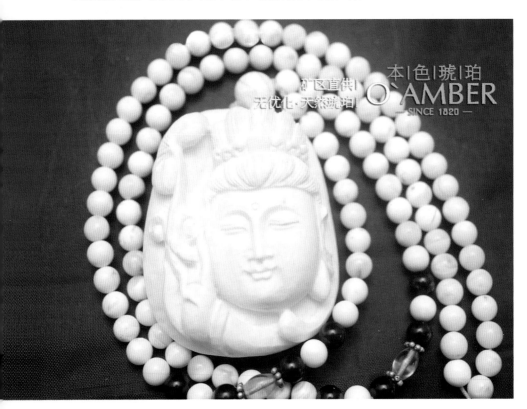

骨瓷白白蜜观音像

再来，我给大家归纳下在几个产地中，此类品种都是相对稀有、价格也大致在一个范围，他们就是：波罗的海矿区产出的天然海漂鸡油黄、多米尼加和墨西哥的蓝绿珀、缅甸的茶珀及血珀，这几个品种在每个产地中的存量都是相对稀有的，在琥珀市场上占据了中高端的位置。

剩下的如波罗的海矿区的金珀、花珀，多米尼加和墨西哥的金珀、金绿珀，缅甸的棕红珀、金珀、金蓝珀、金棕珀这些品种都是在各自产区中存量相对较多的品种，价格位于中端和中低端入门级水平。

二、何为矿珀，何为海漂

矿床位于地下并可以直接挖掘到的就是矿珀；而矿床在海底无法人工挖掘只能待其随着地壳运动，自行脱离海底，再随洋流运动被冲刷到浅海区域被人打捞到的称为海漂琥珀，国人也叫海漂海捞。

我用和田玉来形象地比喻一下，大家就会很容易理解它们的区别了。海漂原石就如同和田玉的籽料（就是人们常说的羊脂白玉）一般，它是经过自然的地质运动和冰川运动等从矿床中被剥解为大小不等的碎块，然后经过雨水雪水的冲刷流入河中，再经过几千甚至上万年的冲刷，就形成了润透极致的一等好料。而海漂琥珀是经历了地质沉降，矿源埋入海底，之后再经过一系列的地壳运动，脱离了海底矿床，再经海水冲刷千万年，在海中漂浮，直至被人们打捞上来。

全球目前只有波罗的海矿区有真正意义上的海漂原石产出。

目前人们习惯将波罗的海矿区所产的琥珀统称为海珀，其实波海矿区一样有矿珀存在，而且矿珀还是主要矿源，比从海中打捞的海漂原石产量要大得多。

　　所以新手朋友们要记住海珀并不等于海漂，海漂只是波罗的海琥珀中比例很少的一部分。

　　在很久以前，波罗的海的琥珀有时在岸边就可以找到，有时甚至被冲到海滨，成为次生矿床。它们原本是在冰河时代沉积在这个地区的沉积层中，现在由于海水的冲刷露出地表。正因为如此，古人误以为琥珀是在海底生成的。这些琥珀大约形成于4千万年前的渐新世，当时欧洲北部和中部有大片的原始森林，而在大约3千万年前，那些森林没入水下，遭沉积物掩埋，森林沦入海底后，琥珀便在其中形成了。最著名的产地是丹麦、波兰、立陶宛及俄罗斯位于波罗的海沿岸的未固化海绿石沙滩和加里宁格勒附近的萨兰姆半岛。

　　海漂对于波罗的海沿岸有些国家的影响特别深远。例如，寻找琥珀已经成为丹麦人生活的一部分，也是丹麦文化的一部分。丹麦是第一个发现琥珀的国家，丹麦人从事琥珀采集加工，至少已有2000年的历史。在丹麦的日德兰半岛的渔民中，至少有90%以打捞琥珀为副业。而在上了年纪不再出海的渔民中，有一部分人就变成了琥珀工匠。渔民们经常在清晨冒着零下10℃的严寒来到海边，用锐利的目光扫视海岸，看有没有由大风、海流或波浪冲击而聚集在近岸处的朽木、残茎或泥炭的漂浮层，因为琥珀的比重与那些垃圾差不多。有时候渔民还会利用海鸥帮助寻找，这种鸟的叫声和俯冲的方向会指示包含琥珀的垃圾堆的位置，因为其中的沙蚕正是它们爱吃的东西。丹麦的琥珀店、加工场很乐意开放给游客参观，而且有专人主动负责对观光客人提供讲解和导游，一些生意也在其中成交。

　　下面我们来看看在欧洲人们是如何打捞海漂原石的。

冬季是当地渔民们
的休息期，很多渔民就
开始了第二职业——去
海边打捞琥珀。随着冬
季海水盐度的提高，以
往沉底的琥珀都会浮出
海面，更容易在岸边被
打捞到。

渔民打捞琥珀海漂原石图组

渔民打捞琥珀海漂原石图组

每年冬季，随着暴风雨过后，人们总能在海边打捞到一些琥珀原石。而如今随着打捞人数的增多，可打捞到的原石数量日渐减少。

当地居民在海浪冲刷上来的杂物中寻找琥珀原石图组

133

居民找到的琥珀原石

　　一些琥珀商就在岸边等着收购当地渔民打捞上来的琥珀。一个渔民如果运气好的话，一天会有几十到上百克的收成，但是琥珀的个头基本都在 20 克以下，如果能打捞到 50 克以上的大块头，那收入将会翻几番。

在当地一位上了新闻的波兰渔民在撒网捕鱼时捞到的一块巨型海漂原石

波兰和立陶宛海域打捞到的
品相很好的鸡油黄海漂原石

丹麦海域打捞到的极品鸡油黄海漂原石

三、 海漂与矿珀的价值区别

这里面要做对比的话，首先大家要明确的大前提，应是同为波罗的海矿区的七个国家的海漂与矿珀做比较，而不要把缅甸和多米尼加、墨西哥的矿珀与波罗的海海漂来做对比，这样的对比没有任何的意义。

我们先来探讨下波罗的海矿区琥珀的价值高低。

按照目前的市场形势来看，海漂因为无法量产，而矿珀可以批量挖掘，因而两者的存量及价格差距还是很大的，并且作为收藏级别的高端原石来说，是非海漂原石莫属的。

两者从外观到肉质上都有很大的区别，尤其是用纯天然的雕刻手法做出来的成品，在质地上可以看出天壤之别。如果玩过和田玉石的朋友就会明白，所谓的羊脂白玉就是籽料，是一等一的好料，因为长

135

期受河水的冲刷滋养，其肉质和油润度是任何山料和山流水料都不能比拟的，其价格也是后者的几十、几百倍。而琥珀的海漂和矿料也就等同于和田玉的籽料和山料的区别，随着后期资源的日益枯竭，海漂极品原石的价格也会有大幅攀升的趋势。

这里请大家注意两点：

①原石皆有赌性，从外观上仅能判断其30%的品质好坏，只有在做成成品之后才知道其真正的价值。

②不论海漂或是矿料都有等级优劣之分，不能说但凡是海漂原石就一定优于矿珀原石，我们总结的只是大多数的共性，必须要客观地以具体原石来具体分析。

有些海漂原石天生多杂裂，即使经过万年冲刷也还是没有太大的利用价值，而那些本就质地优良的矿珀经过了后天的海水滋养与氧化（在海中、岸边都有可能），成色必然更胜一筹。

下面我们来看一下市场上经常见到的用海漂和矿珀制成的琥珀成品的对比图。

乌克兰矿珀蜜蜡手串（色淡而缺乏厚重感）

立陶宛海漂佛珠（无论从润度还是色度上要比矿珀更胜一筹）

俄罗斯矿珀鸡油黄原石雕刻品（整体质感干涩而缺乏宝石光泽）

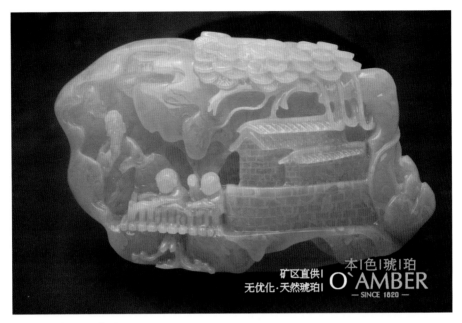

海漂籽料鸡油黄雕刻品

虽然同为鸡油黄等级，但两者从色度、润度、透光度上看，都有着很大的差别。

四、 目前主要产地的琥珀品种及价值排序

1. 波罗的海矿区

琥珀既然是不可再生资源，那么它的价值体系必然遵从物以稀为贵的定价原则。那我们就来看一下各种琥珀在存量上的排序。

骨瓷白蜜＜象牙白蜜＜天然鸡油黄/天然糖蜜＜花白蜜＜普通黄蜜＜金绞蜜＜金珀

其实波罗的海天然血珀的稀有程度最高，但是绝大多数血珀原石是无法制作成品的，所以不做常规价值排序。

骨瓷白蜜

象牙白蜜

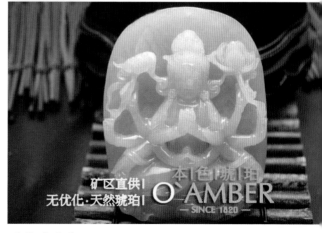

天然鸡油黄

139

天然糖蜜

花白蜜

普通黄蜜

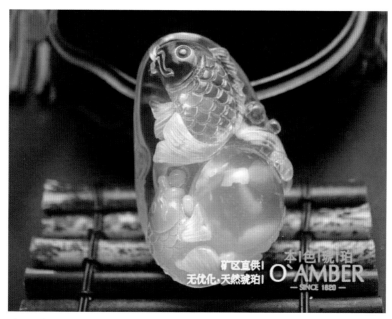

金绞蜜

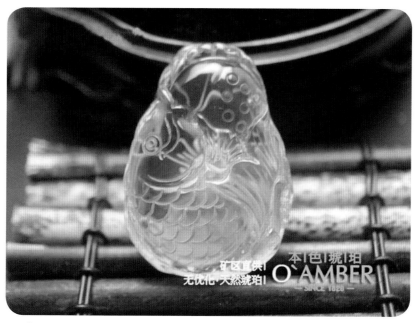

金珀

2. 加勒比海矿区（墨西哥和多米尼加）

下面我们来看一下在此矿区中，各种琥珀从存量上的排序。

多米尼加天空蓝＜多米尼加普蓝（包括海蓝和深蓝）＜墨西哥高蓝珀（湖蓝）＜多米尼加蓝绿珀／墨西哥蓝绿珀＜多米尼加绿珀／墨西哥绿珀＜多米尼加金珀／墨西哥金珀

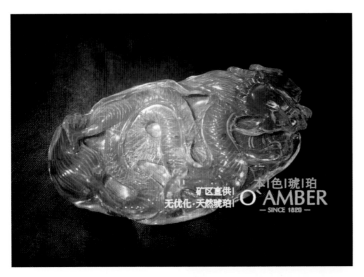

多米尼加天空蓝（在强光下呈现明亮的天蓝色）

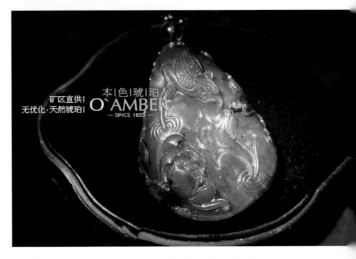

多米尼加普蓝（在强光下呈现浓郁的蓝色）

墨西哥高蓝净水手镯

墨西哥蓝绿珀（在强光下呈现蓝绿色）

墨西哥绿珀（在强光下呈现绿色）

多米尼加金珀（即便是在强光下也呈现金色）

其实在多米尼加天空蓝当中还有一种更为稀有的红皮天空蓝 (有人俗称血蓝珀)，这是一种外层矿皮氧化至血红色的特殊品种。而在墨西哥的珀种中也可见到红皮蓝绿珀，其相对于普通的蓝绿珀而言，色彩更加斑斓、更具有收藏价值。

3. 缅甸矿区

缅甸矿珀体系庞大，品种繁多，我在这里仅列举一些具有代表性的品种供大家参考。

血珀 < 柳青珀 (绿茶珀) / 黄茶珀 / 红茶珀 < 金蓝珀 < 金红珀 < 金棕珀 < 紫罗兰 < 翳珀 < 普通棕红珀 < 根珀

天然缅甸血珀裸石
（经过抛光处理）

缅甸柳青珀（绿茶珀）

缅甸柳青珀（绿茶珀）

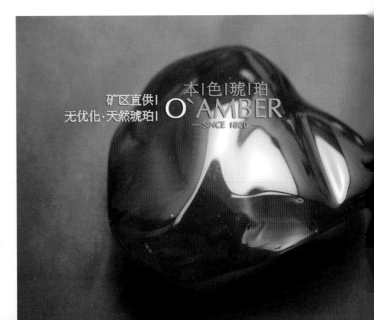

缅甸黄茶珀

缅甸红茶珀

缅甸金蓝珀

缅甸金红珀

147

缅甸金棕珀

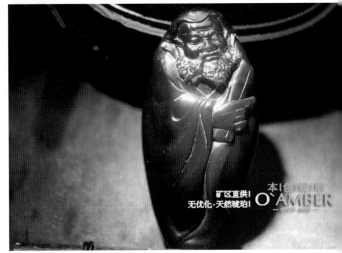

缅甸紫罗兰

缅甸翳珀

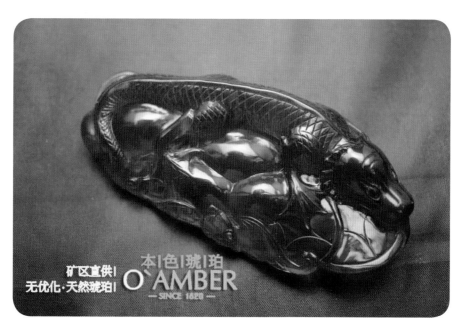

缅甸棕红珀

缅甸根珀

其中柳青、黄茶和红茶统称为茶珀，是金珀体系中的一个变种。

紫罗兰是棕红中的特殊品种，在强光下会展现为通体紫色。

我估计有人会问到翳珀是缅甸珀种中很稀有的品种，但为什么却排在紫罗兰的后面呢？其实作为珠宝而言，存世量的稀有程度固然很重要，但是还要注意一个重要的价格指标，就是大众能接受的美观程度，如果仅仅是稀有但不为大众所接受、欣赏的话，它的价位自然也很难得到支撑。

通过以上大量的图片，大家能够初步了解到目前主要产区的各种品种，以及它们的存世量排序。但是要评价一块琥珀的价值不能单单从存世量一方面考虑，还要结合器行、雕工、品相、完整度等多方面综合来分析。而且就算是同一级别的琥珀也会有高低之分，比如波罗的海鸡油黄蜜蜡这一级别中，它也是有多个色度等级的，而且雕刻的形态、难度以及材料的损耗程度等都会对它的最终价值起着不小的影响。

具体的分辨方法以及每个产地、每个品种的详细图解，我会在下一本书中再做专题讲解。

第四章 无为老师鉴定真言及琥珀的各种功效

一、当今琥珀鉴定方法的七宗罪

如今各种关于琥珀的书籍，或是论坛文章、帖子等，只要你随手翻看一下就能出来各种关于鉴定琥珀真伪的方法介绍。我在这里很负责地告诉大家，这些方法没有一条是行之有效的，而且多数都是一些商家为了推销自己的产品而构思出来的忽悠方法。下面我就逐一揭穿这些困扰了琥珀爱好者们多年的谎言。

1. 琥珀鉴定方法第一宗罪——人尽皆知的盐水法

这个方法大意就是先用清水测试琥珀制品是下沉状态，然后往清水里逐量添加盐，随着盐的比例提高，可以看到琥珀上浮的现象。

也就是所谓的琥珀沉于清水，浮于盐水。其实大家都知道，只要是比重在 1.01—1.09 之间的任何物体都可以实现以上实验。而且以现在的制造工艺而言，做出来能浮于盐水的高仿塑料已经是件很容易的事了，更主要的是这个方法对于压制再生琥珀制品而言是完全无效的，因为他们的比重是一致的。所以用这个方法不仅不能鉴定是否为天然琥珀反而会让新人朋友们买到了再生仿制品还误以为是真品，着实损人。

2. 琥珀鉴定方法第二宗罪——用心不良的火烧法

这个方法就是让大家把要检测的琥珀制品用火燃烧后来观察残留物和闻味道。这个方法不知道忽悠了多少珀友。我曾经一度不明为什么会有这么不靠谱的方法诞生，后来终于想明白了，这个方法是诞生在贵族蜜蜡（一种台湾高仿琥珀制品）之后，是那些"高明"的商家们忽悠消费者而想出来的"妙招"。这个骗术的高明之处在于，首先它能区分塑料制品但是同时也保护了压制再生的仿品以及柯巴树脂制品。

现在大家都知道压制再生琥珀的原料就是纯琥珀碎块或者琥珀粉，所以其燃烧后的残留物与天然琥珀是完全一致的。如果在未燃烧前我们还能通过显微镜观察发现些区别，但在燃烧后再对比残留物，就真假难辨了。

再来看柯巴树脂制品，它们其实可以说是琥珀的前身，只不过是年代尚浅，还没有完全石化的天然树脂而已，所以化学成分上与琥珀是一致的，燃烧后更是无法区分真伪了。

3. 琥珀鉴定方法第三宗罪——故弄玄虚的刀削针挑法

这个方法是纯破坏性的，先不去评论此法到底有没有效果，谁会把自己高价买来的成品用刀子刮一块，或用烧红的热针去扎一下来看看反映呢，这个完全不符合常理。此法其实就是火烧法的翻版，一样是对压制再生琥珀和柯巴树脂没有任何鉴定区分的意义。

4. 琥珀鉴定方法第四宗罪——缺乏物理常识的静电实验法

这个方法是指琥珀在摩擦后如果能带静电吸附碎纸屑即为真品。其实在古代人们就发现了琥珀能够摩擦带电的特性，而放到如今年代再作为鉴定方法实在是过于搞笑了。如今的塑料高仿品、压制再生品，甚至是玻璃制品，如果你把它们跟毛皮摩擦都会产生电荷吸附一些碎纸屑，这个方法没有任何实际的鉴定意义。

5. 琥珀鉴定方法第五宗罪——需要武林高手来完成的听声辨识和手感辨识法

这个方法是琥珀相撞时声音呈混响感，而塑料等合成的假货的相撞声音是脆而难听的，这个需要细心静品才可以，多次对比两者的声响差异后才可以准确判断。

这个方法相当抽象而且可操作性颇有点武林高手的感觉，可以听声辨识琥珀的真假或用手就能摸出真假，那还需要鉴定机构和仪器何用！对于从来没有接触过琥珀的人而言就如同看天书一般，没有任何实际的指导意义。

6. 琥珀鉴定方法第六宗罪——时过境迁的洗甲水、乙醚试剂测试法

这个方法是用棉签蘸点洗甲水或者乙醚、酒精之类的溶剂反复擦拭琥珀表面，琥珀应该是没有明显变化的。其实塑料及压和琥珀也是没有变化的，只有树脂和柯巴树脂因为尚未完全石化，所以表面会发黏甚至出现拉丝现象。

在这里我可以很负责地告诉大家，就在此书出版前半年，国内市场已经大批量出现了柯巴树脂经高温老化后制作而成的各种仿琥珀制品甚至是原石，因为经过人工高温使之老化，所以别说用几滴洗甲水、酒精、乙醚了，就是完全将此制品浸泡在里面，也依然不会发生变化。

经过人工老化的柯巴树脂仿琥珀原石

7. 琥珀鉴定方法第七宗罪——七言八语误人子弟的各种奇葩鉴定法

还有一些网络、论坛上盛传的奇葩方法，诸如眼观鳞片法、眼观气泡法、闻香法等说得云山雾罩，不胜枚举了。对于新人而言真是无从参考，反而会觉得琥珀鉴定深不可测、无从下手，还未入珀门就先有了辨别恐珀症。

二、琥珀的药用价值、保健功效和使用方法

琥珀富含丁二酸酯（也称为琥珀酸酯），而且还含有一种乙醚油质的极微小的粒子，可穿过皮肤促进血液循环，容易与皮肤接触形成保护膜，是很好的美容护肤饰品。此外它还能治疗肌肉关节的疼痛、缓解紧张感，可醒脑，治轻微的割伤、蚊虫咬伤。在中医中，琥珀属一味药物，有退热驱邪之功效。

关于琥珀的药用记载最早要追溯到近万年前的远古时期。早期人们只使用能从大自然中获得的纯天然物质作为药品，例如：植物、动物和矿物质。由于琥珀本身带有电磁性的特征，人们对它十分感兴趣。

关于琥珀医学的发源地，学者们众说纷纭。有人认为是在古埃及，另一些人认为是在古希腊。而从法老木乃伊皮下找到的琥珀块证明，古埃及人早就懂得使用琥珀作为防止细菌侵袭法老遗体的一种药剂。而最早关于琥珀药用性质的文字记载是出自医药之父希波克拉底（前460—前377）的著作。并且古希腊的凯里斯特雷塔斯曾陈述过："紧紧围绕脖子戴上一串用细皮带或是绳子穿起来的琥珀珠链，可使一些严重头疼、咽喉炎和脖子疼的病人得到缓解。并且佩戴琥珀手链对于风湿病及关节炎病人有益，还可以减轻疲倦和劳累。用相当大的一个琥珀块在身体上进行摩擦也可以得到类似的治疗效果。"

在中世纪，欧洲的医师将琥珀开在药方中用于治疗溃疡、偏头痛、失眠、食物中毒、黄疸病、不孕症、疟疾、气喘、痨病、肿瘤和其他疾病。在沙皇时期的俄国，人们认为佩戴琥珀制成的项链可以让病痛远离自己和孩子们，而孕妇佩戴琥珀项链则可安胎，有助于顺利生产。在德国，小孩子在脖子上戴着琥珀项链是为了能让他们没

155

有疼痛地长出坚固、健康的牙齿。

在19世纪的药书中，我们几乎能够找到关于琥珀治疗各种疾病的记载。

以琥珀为主原料的精油、膏体，还有将琥珀放入酒精中泡出的浸剂均可以用来外敷。各种以琥珀作为主要成分的调和物还被广泛用于治疗甲亢、呼吸道疾病、支气管炎、哮喘、心脏病、高血压、膀胱和肠胃疾病，以及血液循环系统中的一些疾病。

人们相信药品中琥珀酸的含量越多越好。在瑞典保存着由尼古拉·哥白尼研制出的一个含有22种成分的独创配方，其中主要材料就是琥珀。

15世纪著名的矿物学家及医生阿格里科拉，使用干蒸馏法提炼出琥珀酸。干蒸馏法（在真空中加热琥珀）将琥珀分解成为酸、油和松香，所有这些成分都是特别宝贵和有益的。

由科学的检测方法得知，一般琥珀中含有3%～8%的琥珀酸，而骨珀可以达到13%的琥珀酸含量。

最新科学研究证明，琥珀酸对人体器官有着积极的影响。它能增强免疫力，使人精力充沛并保持体内酸性的平衡。1886年诺贝尔奖获得者德国细菌学家罗伯特·科赫肯定了琥珀酸的正面影响，他发现并证明了琥珀酸的残余物即使在人体内堆积也不会带来任何负面影响，甚至服入了过量的琥珀酸也是无害的。这种药用成分也被广泛应用于现代医学。

现今社会崇尚自然医学，用琥珀作为成分的药品、化妆品变得更加普遍。尤其是在美国和俄罗斯生产、加工着十余种含有琥珀酸的有效药，并获得了专利。琥珀酸有着抗人体细胞老化的特别药用价值，人们使用它作为钾离子的抑制剂（减缓或是终止）和抗氧化剂，可称为现代的青春不老药。此外，琥珀酸对运动员也有着很高的价值，它是均衡身体机能全面发展的调和剂。但是因为自然界里很难找到它，现在时常出现琥珀酸缺乏。

事实上，琥珀酸无法在任何一种类似琥珀的树脂中被发现，虽然琥珀产于世界很多地方，但是任何一个区域的琥珀都没有波罗的海的琥珀具有如此高的琥珀酸含量。

使用干蒸馏方法提炼出的琥珀酸呈结晶状，可以很轻易地溶解在温水中，所以它可以被用做食物添加剂。琥珀酸（最常见的为琥珀酸钙盐、琥珀酸钾盐、琥珀酸钠盐）具有能刺激人体器官与机能正常发展的功效，这种特质也被医学界广泛使用。琥珀酸对于长期卧病和受重伤之后的恢复有着良好的效用，它使病人有可能恢复对疾病的免疫力，也能使人注意力集中。

俄罗斯人还把琥珀酸作为一种重要的戒酒药，它可以减轻人们对酒精的依赖性，更可贵的是它可以迅速中和摄入过多的酒精。一颗含 0.1 克琥珀酸的药丸大约在 15 分钟内就能使醉酒的人恢复正常能力。

哪怕仅含极少量琥珀酸的溶液都会对农耕作物起效——可使作物增产 40%，使用后，作物生长的速度要比灌溉普通肥料的作物快得多。这些被琥珀酸灌溉的作物的果实和树叶还对真菌及细菌产生抵抗力。

琥珀油是公认的对所有风湿病痛有效的药物。吉亚卡摩·范特仕（罗马教皇的使节）在 1652 年的游记中曾这样描绘道："用琥珀制成了一种非常贵重、强效、味道苦涩、质感浓稠的油。我从完成提炼这种油的发源地格坦斯克带回这种油的调配药方，它有着非常有益的功效。用白色琥珀制作成的琥珀油尤其珍贵……"琥珀油能迅速地渗透到皮肤下，深入到细胞组织中，发挥它的效用。它能促进血液循环，减轻肌肉疼痛。

俄罗斯的医生和科学家这样记载过琥珀的疗法：

①内服：琥珀酸和琥珀酸盐的粉末及酊剂都可以。

②与蜂蜜做成栓剂。

③吸入法（燃烧琥珀的烟）。

④外用：药膏，琥珀油，膏状药物。使用琥珀粉按摩，使用磨光的琥珀块按摩，用带有琥珀针头的针进行针灸疗法，在室温或是37℃～38℃条件下用琥珀石进行沐浴，佩戴琥珀首饰、护身符、项链和手链。

多米尼加人阿尔伯特（1193—1280），是一名伟大的科学家、哲学家和神学家。在他的著作里，琥珀被列为最有效的六种药物之一。酊剂是在同一时期发明的，它的基础液体是啤酒、葡萄酒或水，并加入了琥珀作为主要成分，对于治疗胃疼和风湿痛很有效果。大众使用期间从来没有过关于琥珀副作用的记载。

中世纪时可怕的瘟疫弥漫在欧洲的各个城市当中，给居民带来无尽的痛苦和灾难。人们将琥珀燃烧，用散发出的烟雾做香薰，作为预防瘟疫的手段。就如马特哈尔屋斯·普拉耶托鲁斯（1680年）所记载："没有任何一名来自波兰格坦斯克（波兰城市）、克莱佩达（现为立陶宛港口）、哥尼斯堡（现在俄罗斯琥珀之都加里宁格勒）或是利耶帕亚（现在拉脱维亚港口）的琥珀商人死于瘟疫。"琥珀熏蒸现在仍然在芳香疗法中被使用。

琥珀的药用价值较它的其他特质更早被人们所关注。第一本关于琥珀的专论《琥珀历史》（1551年）和波兰第一部关于琥珀的专业论文都是医生撰写的，因为琥珀的药用价值最具代表性，他们本能地察觉到琥珀的预防治疗价值。

琥珀几百年来被用来杀菌消毒，它被做成婴儿的出牙嚼器、调羹、烟嘴过滤器和烟斗等，17世纪时还出现了琥珀做成的茶叶罐。

现代研究表明，琥珀的微粉化可以促进人体器官对它重点消化吸收。最简单的办法是将琥珀粉擦到脸上，之后会有明显的感觉。

今天我们周围的生活环境受到各种污染，这使得人体细胞间自然能量的转换和流动受到很大阻碍，这些阻碍影响细胞的新陈代谢并且削弱了人体的免疫系统，但是来自琥珀的自然力量可以刺激细胞更新。这一点被加里宁格勒的医生尼卡拉耶夫·马斯可夫在 2002 年证实了。他用天然高纯度的琥珀制成的优质琥珀粉擦在人体的疼痛处（头、脊骨、甲状腺、胸和四肢），获得了迅速而有效的治疗效果。

尼卡拉耶夫·马斯可夫是加里宁格勒琥珀和地区资源学院的负责人，他在自己的《琥珀与医学、美容学》一书中提到，使用琥珀粉在身体上进行按摩治疗主要可应用在以下几个方面：

①促进头发生长和改善发质。治疗方法是用琥珀粉在头部秃顶处和有头发的地方轻揉按摩，每 2 ~ 3 天 1 次。大约在 4 ~ 6 周后头发会开始生长，发质明显改善。

②治疗甲状腺炎。甲状腺上部分应该用琥珀粉进行按摩，10 天为一个周期，每天按摩 3 ~ 5 分钟，然后下一个周期是每 2 天 1 次（也要做 10 次）。

③治疗贫血症。手足都应该进行循环按摩，直到琥珀粉摩擦到发热。治疗上半身可对颈椎上的皮肤进行按摩，治疗下半身可对腰椎的皮肤进行按摩。开始是每天 1 次，10 天为一个疗程，第二个疗程是每隔 1 天 1 次，也要进行 10 次。如果有必要，可以在间隔一周后，在 1 ~ 3 个月的时间内重复疗程。

④调配琥珀栓剂。其方法是：用 1 份琥珀粉混合 1 份蜂蜜，应保存在冰箱中，可用来治疗痔疮。为了摆脱这种令人不快的疾病，用琥珀粉和琥珀栓剂在骶骨处进行按摩，1 天 2 次。

⑤琥珀油可以缓解蚊虫叮咬、减轻疼痛、松弛肌肉、缓解抽筋、

巩固头发毛囊、去除头皮屑。沐浴时在水中加入 1～2 毫升琥珀油可以使皮肤变得光滑。

除此之外，民间还有许多琥珀药用的方法。欧洲民间流传着一种琥珀露酒的制作方法：使用洗净但没被加工（去皮、抛光、加热等）过的琥珀矿石，磨成碎块。然后将 50 克碎琥珀放入半升浓度达 96% 的酒精中，密封好，放到温暖的地方，经常摇晃。2 周后琥珀露酒就制成了。琥珀不会完全溶于酒精中，它只会将某些成分释放到酒精中，使之拥有治疗的效用。

在流感横行之时，每天早上喝一杯加了 3 滴琥珀露酒的茶可以预防流感，用这种琥珀露酒擦在背上胸前可以解除寒热病，减轻肺炎和支气管炎。琥珀对治疗心脏病和血液循环问题、心肌衰弱都有很好的疗效。擦上琥珀露酒可以减轻心律不齐和头疼，假如没有琥珀露酒，也可以直接使用一块琥珀原石进行按摩。当劳累和头疼时可以用琥珀原石摩擦颈部、腕关节和太阳穴（可以感觉到脉搏的地方），或在腕部涂上一滴琥珀露酒，也可以得到缓解。头疼时还可将磨掉外皮的琥

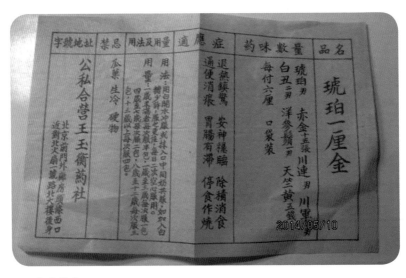

琥珀药方

珀矿石在头疼区进行逆时针按摩 10 ~ 15 分钟，头痛的症状会明显减轻。

波罗的海七国是琥珀的原产国，他们的琥珀文化可以追溯到上万年前。他们当地最早的货币等价物就是琥珀原石。所以当地人对琥珀的研究相当深入透彻，很值得我们借鉴学习。

中国虽然不是琥珀的主要原产国，但琥珀在中国古代不仅是皇室专享的珠宝饰品，而且是一味神奇的名贵药材。早在三千多年前，人们已经对琥珀有了比较深入的了解。而且在《神农本草经》和《本草纲目》以及《名医别录》等古典医书中，也记载了大量以琥珀为主要原料的药方。这些都是流传下来的一些琥珀药方，而且一直沿用至今。（图中涉及药方关键成分进行遮盖处理，下同）

琥珀药方

《本草纲目》中记载：
琥珀有宁心神，安五脏，定魂魄，明心绪，定神魄，消瘀血，破结痂，生血，生肌，安胎等功效。

南北朝的陶弘景所著的《名医别录》中概括了琥珀的三大功效：定惊定神，活血散淤，利尿通淋。

现代医学使用琥珀的三大用途为：

①用于治疗失眠、心悸。常以酸枣 15 克，夜交藤 30 克煎汤，送服琥珀粉 3 克。

②用于治疗月经不通。可用琥珀散，就是由琥珀、当归、乌药等同用，研成细末。

③用于治疗小便不畅。单用琥珀散剂 3 克，并以车前草 30 克煎汤送下。

现代医学经过对古人的经验与记载，总结归纳出琥珀的主要保健功效如下：

①琥珀含有对人体有益的琥珀酸酯成分，可穿过皮肤帮助血液循环，治疗肌肉关节的酸痛与紧张，可醒脑。此外，因琥珀含有微小的琥珀粒子，容易与皮肤接触形成保护膜，因此常将琥珀做成项链手串佩戴。

②琥珀有缓解肌肉紧张、松弛神经、镇静心灵之功效，所以做成平安扣或者原石吊坠佩戴在胸前可以舒缓工作压力、安定情绪。

琥珀药方

③天然琥珀对现代化电器，如电脑、电视及一些仪表所散发的有害射线，也有很好的吸收作用。

④琥珀被高温加热或加以摩擦，会释放出迷人的松香气息，具有安神定性的功用。所以琥珀是极好的天然香薰材质和把玩物件。

我们来看一下下图中的保存在陕西历史博物馆里的何家村窖藏出土的唐代线刻鸳鸯纹银药盒。

药盒里面完好存放着朱砂和琥珀，并保留有当时墨书"合重卅六两，盛次光明沙廿一两，虎魄十段"。盒中就是波罗的海的琥珀碎石，用银盒储存说明药用价值极其珍贵。"芳香、安神、珍稀"是琥珀在当时王公贵族中流传的原因。这说明在唐代，琥珀是帝王将相才有资格独享的神奇药品。

唐代线刻鸳鸯纹银药盒

三、品玩琥珀十余年心得

细数完如今的各种琥珀鉴定误区，我最后再给大家总结一下我品玩琥珀十余年的一些心得。

琥珀是天然树脂的化石，是自然界最轻也是最温和的宝石，而且每一块都是天然孤品、绝无重复，如果你发现一串琥珀珠子颗颗质感相同，首先要联想到此物绝非纯天然之物。

自然形成的琥珀在其还是树脂状态的时候会包含一些内含物，可能是植物、昆虫、泥土、砂石等，所以我们应该学着从天然的角度去欣赏这种自然状态的美。固然我们可以追求纯净的极致品作为收藏品，但是真心爱珀的我们不应该去抵触琥珀天然的常态，也许当我们都能够本真接受这种自然的"不完美"的时候，可能就再没人为了纯净度而绞尽脑汁地加工优化了。

琥珀是一味天然神奇的中药材，其具有安心神、定五脏的神奇功效，但是它最忌接触到的就是高温，高温会使琥珀中对人体有益的成分迅速挥发，剩下的仅是一具没有"灵魂"的空壳而已。目前的优化手段中多数都是在高温高压的环境下进行的，所以对琥珀的药效和保健功能有着致命的损伤。

西方人看重的是琥珀的宝石与饰品特性，他们希望通过人类的科学技术使其外观看起来更加完美，更具有他们眼中的欣赏价值。但是在我国，相信大多数人追求的都是自然美，从我们对待翡翠的态度就可以看出来，凡是经过后期加工的翡翠制品我们都称为 B+C 货，且其价值也跟天然翡翠有着天壤之别，所以琥珀亦如此。如果你把琥珀作为饰品，那么完美的优化琥珀将是不二选择；但是如果作为保健性珠宝佩戴和投资收藏品的话，则非纯天然、无优化的琥珀莫属了。

我相信，随着大家对琥珀认知的逐步提高，目前的国家琥珀鉴定标准势必会做出修改。

关于琥珀的价格，很多人爱问："这个琥珀多少钱一克？"如果仅仅是把它当作工业生产的饰品，那么它可以有一个按大小来划分的统一定价区间；但是如果是纯天然的琥珀，即使是原石也是要一物一价的，根据品相、器行、肉质、色度、完整度来具体定价才有意义。正所谓，普品易得，极品难求。所以记住，要学会看品相的好坏来判断琥珀制品的价值是否合适，关于判断技巧和方法以及影响主要价值的因素，我将在下本书中做详细介绍。

当代琥珀蜜蜡谬论杂谈

一、千年琥珀，万年蜜蜡

这是个当今流传最广的谬论，也是最为无知的一句话。琥珀的形成需要上千万年，一般最年轻的琥珀——多米尼加和墨西哥琥珀还要经过 2000 万年以上的时间才可形成，波罗的海琥珀需 4000 万年以上，抚顺与缅甸琥珀需 5000 万年以上，而且在缅甸琥珀中年代最久的琥珀甚至可以追溯至白垩纪时期也就是 8000 万年以上。这也是影片侏罗纪公园中那个吸食了恐龙血液的远古蚊子的由来（琥珀之中）。

二、琥珀就是琥珀，蜜蜡就是蜜蜡，年代久了琥珀就会变成蜜蜡

这个谬论更为可笑，蜜蜡是在我国才有的称谓。在国内我们习惯上把不透明的琥珀称为蜜蜡，而且这个品种特指波罗的海矿区产的琥珀（缅甸中很多棕红和金棕的琥珀品种也不透明，但是依然还是称为珀）。

在欧洲原产地国家只有一个称谓就是"AMBER"——琥珀。那为什么有的透明有的不透明呢？其实是依据其个体内琥珀酸的含量多少而来。金珀的琥珀酸含量是 2%~3%，蜜蜡一般能达到 4%~6%，花白蜜、白蜜的琥珀酸含量可高达 7%~11%。琥珀酸的含量越高则通透度越低，

165

这就是为什么纯骨珀是不透光的原因了。

三、琥珀属于有机宝石，所以很娇气，不能碰水，洗澡或用洗手液洗手时要摘下

这样一系列的话听多了感觉琥珀是何等娇气之物，如温室花朵一般要精心呵护，仿佛稍有差池就会出现问题。殊不知琥珀形成的这几千万年里，在地下、海中历尽沧桑是如何度过的，若真是这般弱不禁风的话，那存世至今岂不是奇迹了？我可以很负责任地告诉大家，琥珀不怕强酸强碱，这些都是我实验过的，在25%的浓盐酸和氢氧化钠强碱溶液中浸泡过一个月，没有任何变化。

那么琥珀保养应该注意什么呢？

①琥珀的硬度确实不高，但也没有低到一碰就碎的地步。摩氏硬度在2~2.5之间，硬于人体的指甲。平时只需要注意避免磕碰，避免接触高温（一般指100℃以上）。

②乙醚、酒精、指甲油之类的少接触，如果不小心沾到也无须担心，只需用清水冲洗干净即可。琥珀长时间浸泡在此类溶剂中会使表面发乌，分解掉少许琥珀酸酯，需要重新抛光。

③带着洗澡、洗手完全无须顾忌。之所以谣言把它形容得这么脆弱，无非是给将来的

优化琥珀出现掉色、脱皮、脱膜等现象找托词罢了。

四、蜜蜡戴久了会变得越来越透明，最后变成琥珀

这个说法更是神奇了，如果人体能散发几百度的高温我还姑且相信会有如此能量改变琥珀。其实这个变化恰恰是出现在了烤色覆膜的琥珀身上。因为人造的氧化皮层终究是人工后期加工上去的，随着佩戴时间越久、摩擦越多，那层老皮终究会脱落，那么原先的庐山真面目就会暴露出来。其实很多表面看上去的老蜜蜡都是用新蜜蜡甚至金绞蜜氧化而成的，一旦外皮脱落，马上会给人们的感观带来很大的落差。

五、最好的老蜜蜡产地是中东、西亚和中国西藏等地

这些都是连最基本的科普知识都没有的人的一些信口雌黄罢了，如果能在上述地区真发现有琥珀原矿的话，那当堪称世界第九大奇迹了。这些地区连树木都很少，更何谈有琥珀矿源！

六、商家们面对质疑者都信誓旦旦地承诺各种老蜜蜡饼子、桶珠等包真包老，而且还接受碳 14 检测

没有文化，不是你的错，但还厚颜无耻地忽悠人就是不应该了。碳 14 检测法是考古界常用的检测方法，就是利用放射性元素碳 14 的不稳定性所产生的衰变来测算一些有机

物质和贝类的距今年份。最大可追溯到 5 万年之久。但是在琥珀中，随便拿出来一块最年轻的多米尼加琥珀，也要距今 2000 万年了，要是能测出来年份都可以申请诺贝尔奖了！

七、矿珀要比海漂更稀有、更有价值，矿珀值钱，海珀不值钱

首先，如果一个人说出如上话语，肯定是个棒槌中的棒槌，他连当今琥珀的主要产地都没有搞清楚，也不明白矿珀与海漂到底是什么，就想拿矿珀和海漂来做对比，实在是无知之至！

正如我书中所言，不同产地的琥珀没有太大的对比价值，你只能在同一矿区对比不同品种的琥珀的稀有程度和市场价值。如果乱加比较的话，就如同拿翡翠与和田玉做对比一样，都是玉石，但根本无从比较！

目前，能够从海中打捞到琥珀原石的产区仅仅是在波罗的海矿区的沿海国家，而且当地绝大部分矿产来自于地下挖掘（也就是我们所说的矿珀）。相比而言，海漂原石产量极其稀有且随机性很大，在当地的市场价值也是明显要高于当地所产的矿珀的价值的。

所以，正确的说法应该是在波罗的海矿区中，海漂原石的稀有程度和价格都要明显高于当地所产的矿珀原石。

八、蓝珀就是在荧光下呈现蓝色的品种，而且色度越深蓝越好

如果按这个理论来说，是不是绿珀就应该在荧光下发绿？这么说来，松香就是极品绿珀了，因为那东西在荧光下非常绿。

蓝珀也好绿珀也好，它们在日常光下都是淡黄色透明状态，因为它们本身就是树脂的化石，透明琥珀均为此色。而蓝、绿珀的神奇之处就在于，其一旦遇到强光、太阳光，在深色背景下就会出现蓝色或绿色的色变，这也就是它们名称的由来。而且距今也没有统一的科学定论来解释这一神奇的自然现象。值得庆幸的是人工仿品至今没能出现。

如果在荧光下看反应，缅甸的琥珀颜色最为深蓝，但它们可不是

蓝珀，就连很普通的棕红珀在荧光灯下也一样超级蓝，但它们的存量和价值与真正的蓝珀相比可谓天壤之别。

所以大家记住一点，看蓝珀请远离荧光灯，一把手电、一块黑布足矣，甚至是手机上的电筒都可以检测它的色变程度究竟是如何的。

九、琥珀制品检测方法很容易，用盐水、火烧这些方式自己就可以试验了

这个其实是最坑人的言论！大家请记住，如果你自己拿捏不准如何鉴别真伪，那么最好送去当地正规的珠宝鉴定部门做检测。当你知道那些网上流传，甚至是耳熟能详的各种琥珀检测方法其实都是假货商的促销手段的时候，是不是很崩溃？历数当今琥珀鉴定方法的七宗罪在书中我已详细地解释过，大家一看便知。

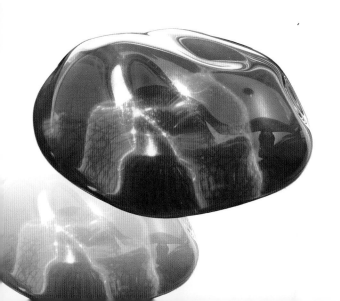

珀镜重圆

——愿天下喜欢琥珀的朋友都能找到属于自己的缘珀

千万年前，

你流光溢彩，

我为世间一尘，

你的回眸一笑，

让我想要与你缘定三生，

却愧于无能为力，

你的不离不弃，

一句"等你"，为我守候至今。

千万年后，

我已化为人，

你已化为石，

但时光不仅没有褪去你的光彩，还将它留作永恒！

让我在茫茫珀海一眼就发现了那尘封万年的笑容，

终于，今生，你我可以相伴，不离不弃！

无为

2012 年中秋

171

我，为琥珀狂

琥珀——大自然赐予人类最神奇的精灵！

世间万物在时间面前都是那么苍白无助，岁月的沧桑将会随着时光的推移被无情地刻画在容颜上，终有一日化作世间一尘一土，随风飘逝。

而琥珀却无惧时间的流逝，随着岁月的历练被装扮得晶莹剔透，光芒四射！

我，为琥珀狂！
我庆幸今生能与你结缘，
感受你的温润洒满人间！

我，为琥珀狂！
感谢你的晶莹带给我们心灵的净化，
感谢你的清香带给我们身心的舒缓，
感谢你的无私带给我们前世的一切！

我，为琥珀狂！
你没有钻石的夺目，

你没有翡翠的冰冷，

你的敦厚温润流露尽情，

你的广阔胸襟万象包罗，

你是世间的精灵，不朽的传说！

我，为琥珀狂！

我不会为了世俗的审美，去改变你的容颜！

更不会为了追名逐利，去"优化"你的身躯！

爱你，如同自己。你心痛我心痛，你流泪我流泪。任何人为的加工，

都是对你神圣的亵渎！我将与之抗衡一生！

千万年前的回眸，注定了我今生对你的痴狂，我坚信，终有一天，

琥珀的本色之光会洒满人间！

　　　　　　　　　无为

2013 年 1 月 8 日凌晨

珀之泪

我，来自土壤千万年的历练，风尘仆仆。

我，来自海洋千万里的漂泊，沧桑暮暮。

我要将这四千万年的沉淀带给你，里面有辛酸、有思念、有快乐、有痛苦，纵然身躯伤痕累累，但那份爱亘古不变！

终于苍天眷恋，让你我相遇在今朝。

可是烈焰却融化了我的身躯，高压下填平了我历练的痕迹，胶水装满了我那伤痕累累的心房，我的灵魂被那些利益熏心的人们肆意践踏着。

我，离你渐行渐远……

千万年的挚守却等来了如此的相逢，我猜到了开始，却没有料到结局。

看着你手中捧着我那面目全非的躯壳，我宁愿永埋地下，此生无珀！

——献给真心爱珀怜珀的兄弟姐妹们

无为

2013 年 10 月 5 日

后 记

　　书中所写均是无为本人这十多年来出于爱珀之情，及个人对琥珀的一些研究心得。其实还有很多需要系统化完善的经验与知识依然在整理总结当中。希望读者们通过本书能够初步了解、掌握琥珀的真伪、天然与否的鉴定、辨别方法，做到爱珀、识珀，能够买到自己心仪的纯天然、无优化琥珀制品。纯天然是琥珀投资收藏的基础，离开了天然的属性，琥珀的药效、保健、收藏价值和升值空间又从何谈起呢？后期如何能更好地赏珀、藏珀，无为将在下本书中跟大家一起探讨、分享这些年来的心得体会及藏品。

　　同时，也希望更多的琥珀加工厂家能够意识到这经历了几千万年才形成的琥珀与我们今生相遇的缘分不易，不要仅仅把它当作工业原料来看待加工，而是能够像对待翡翠一样，用心地去逐级挑选、设计、雕刻，用最天然的手法将这个大自然赐予我们的精灵完美地呈现在广大珀友面前，让天然琥珀在中国能够得以永久长存。

　　本书中凡加"本色琥珀"logo 的图，版权均归无为本人所有，任何用途盗用必究。其他图有些为无为拍摄、有些来自网络，图片出处繁琐，未能与原作者取得联系，敬请见谅。